Indra Singh

Avaliação de várias plantas de choupo (Populus deltoides)

Indra Singh

Avaliação de várias plantas de choupo (Populus deltoides)

O seu efeito na cultura da soja e no solo

ScienciaScripts

Imprint

Any brand names and product names mentioned in this book are subject to trademark, brand or patent protection and are trademarks or registered trademarks of their respective holders. The use of brand names, product names, common names, trade names, product descriptions etc. even without a particular marking in this work is in no way to be construed to mean that such names may be regarded as unrestricted in respect of trademark and brand protection legislation and could thus be used by anyone.

Cover image: www.ingimage.com

This book is a translation from the original published under ISBN 978-3-659-85725-6.

Publisher:
Sciencia Scripts
is a trademark of
Dodo Books Indian Ocean Ltd. and OmniScriptum S.R.L publishing group

120 High Road, East Finchley, London, N2 9ED, United Kingdom
Str. Armeneasca 28/1, office 1, Chisinau MD-2012, Republic of Moldova, Europe
Printed at: see last page
ISBN: 978-620-8-29448-9

RECONHECIMENTO

Ficarei para sempre grato a todas as almas eruditas, aos meus actuais e antigos professores, às mãos conhecidas e desconhecidas que, direta ou indiretamente, me motivaram a atingir o meu objetivo e me iluminaram com o toque dos seus conhecimentos e com o seu constante encorajamento. Sinto que esta é uma oportunidade extremamente significativa e alegre que me foi concedida pela deusa da aprendizagem, para refletir e agradecer a todas essas pessoas. Agradeço ao Todo-Poderoso por me ter carregado quando eu não conseguia andar e por me ter ajudado a manter-me em segurança sob a sua companhia de amor, carinho e bênçãos infinitas, sem as quais esta tarefa tediosa e cansativa não poderia ser acompanhada.

É com orgulho que tenho o privilégio de expressar o meu profundo sentimento de gratidão e veneração ao Dr. A. K. Singh, Professor do Departamento de Genética e Melhoramento de Plantas e Presidente do meu Comité Consultivo, pela sua sincera exortação, crítica construtiva e orientação meticulosa.

As palavras são inadequadas para exprimir o meu sincero e insondável sentimento de gratidão para com os membros do meu comité consultivo, Dr. S. K. Tewari, Professor, Departamento de Genética e Melhoramento de Plantas, Dr. G. K. Dwivedi, Professor, Departamento de Ciência dos Solos e Dr. Virendra Singh, Departamento de Genética e Melhoramento de Plantas, pela sua interação afectuosa, imensa paciência, cuidado paternal e atitude de apoio ao longo do presente estudo.

Expresso os meus profundos cumprimentos ao Dr. Subash Chandra, Professor do Departamento de Agronomia, e ao meu irmão mais velho, Dr. K.S. Rawat (Professor Assistente da BHU), pela sua inspiração, ajuda e encorajamento oportunos.

Estou grato ao Reitor, Estudos de Pós-Graduação, ao Reitor, Faculdade de Agricultura, ao Secretário da Universidade, ao Diretor, Genética e Melhoramento de Plantas, ao Diretor Conjunto do Centro de Investigação Agroflorestal (AFRC) e ao Bibliotecário da Universidade por terem disponibilizado as instalações necessárias durante o período de investigação.

Gostaria de apresentar os meus sinceros cumprimentos aos meus queridos pais, tios, tias, queridas irmãs mais velhas e irmãos mais velhos pelo seu sincero encorajamento e inspiração ao longo do meu trabalho de investigação e por me terem ajudado a ultrapassar esta fase da vida. Devo-lhes tudo.

Agradeço sinceramente a todos os meus respeitados superiores hierárquicos, em especial a Anup, Lokesh, Akshita, Nima, Hansa, Kavita, Kumud, Pramila, Seema e Pooja, que me ajudaram, aconselharam e apoiaram durante o período de investigação.

Estou grato a todos os meus colegas, Abhay, Akhilesh, Tanoy, Gaurav, Sunil, Vinod, Manish, Deepak, Ashutosh, Navraj, Soupayan, Satendra, Sumit, Rajendra, Sumit, Pushpendra, Shashank, e aos juniores Santosh, Rahul, Piyananda, Raju, Amit, Akanksha e Monica por terem tornado o ambiente mais amigável durante o meu estudo e trabalho de investigação.

Devo mencionar a cooperação e a ajuda prestada pelo Dr. R.A. Khan, o Sr. Mahipal Singh, o Sr. Sarvesh Kumar, o Sr. Ramesh kumar, o Sr. Janardan, Ramkripal e Vikas e os trabalhadores de campo do Centro de Investigação Agroflorestal durante o curso do meu trabalho experimental de laboratório e de campo.

Peço desculpa por ter passado despercebido as pessoas que, de uma forma ou de outra, prestaram ajuda e mereceram esse agradecimento.

LISTA DE ABREVIATURAS

%	Percentage
CV	Coefficient of variance
CD	Critical difference
cm	Centimeter
d.f.	Degree of freedom
DAS	Days after sowing
EC	Electrical conductivity
et al.	Co workers
Fig.	Figure
g	Gram
ha.	Hectare
i.e.	That is
K	Potassium
kg	Kilogram
LAI	Leaf area index
m	Meter
m^2	Square meter
m^3	Cubic meter
Max.	Maximum
Min.	Minimum
mm	Millimetre

N	Nitrogen
OC	Organic carbon
$^\circ$C	Degree celsius
P	Phosphorus
pH	Potential of hydrogen ion
q	Quintal
RBD	Randomized block design
RH	Relative humidity
SEm	Standard error of mean
Viz.	Namely or as follows

ÍNDICE

CAPÍTULO 1   6

CAPÍTULO 2   11

CAPÍTULO 3   29

CAPÍTULO 4   37

CAPÍTULO 5   70

CAPÍTULO 6   75

CAPÍTULO 7   86

CAPÍTULO 1

INTRODUÇÃO

O estabelecimento de plantações de espécies arbóreas de crescimento rápido está atualmente a ser desenvolvido em todo o mundo como forma de satisfazer as necessidades de madeira da indústria de derivados da madeira, bem como de atingir objectivos como o aumento da biodiversidade e a fixação de carbono Sedjo (1999) e McKenney et al. (2004). Populus deltoides Bartr. Ex Marsh. popularmente conhecido como choupo, nativo da América do Norte, é economicamente a espécie mais importante a ser cultivada em regime agroflorestal no norte da Índia, especialmente na região de Tarai, com o objetivo de aumentar a produtividade, manter o equilíbrio ecológico e satisfazer a procura crescente da indústria do papel e do contraplacado Luna et al. (2012). Devido ao seu crescimento rápido, à sua fácil propagação e à sua elevada produtividade (até 50 m^3 /ha/ano) numa rotação de 6-12 anos, à fácil disponibilidade de material de plantação de qualidade, à boa procura no mercado e à pequena copa que produz um efeito de sombra mínimo nas culturas agrícolas, o choupo atraiu a atenção dos agricultores para a plantação em larga escala e para a cultura em faixas Puri et al. (2001) e Sharma et al. (2001). Tendo em conta a procura crescente de madeira de choupo e o interesse dos agricultores pela cultura do choupo, foram selecionados clones promissores desenvolvidos por várias organizações de investigação no país e no estrangeiro.

O choupo (P. deltoides) é uma árvore agroflorestal amplamente cultivada em distritos selecionados de Punjab, Haryana, Uttar Pradesh e Uttarakhand. Cerca de 2 milhões de plantas plantadas por ano em toda a região de cultivo do choupo criaram uma paisagem verdejante e silvestre nos terrenos agrícolas. Estas mudas crescem rapidamente, formam uma floresta densa e atingem 10% de cobertura de copa tanto para a plantação em bloco (400 árvores/ha) como para a plantação de fronteira (base de um ha) no primeiro ano, segundo Dhiman (2009).

Os agricultores cultivam choupo tanto em bloco como em limite de plantação, juntamente com culturas agrícolas. As últimas tendências consistem em plantá-los nos campos agrícolas em simultâneo com culturas associadas. Este é um sistema de gestão sustentável da terra, que aumenta o rendimento da terra através da produção combinada de culturas e plantas florestais. Existem provas de que a plantação de árvores melhora as condições agro-climáticas e atenua os seus efeitos adversos, alterando o microclima da zona. Alguns agricultores progressistas obtiveram rendimentos três vezes mais elevados com a combinação de choupo e culturas agrícolas do que com a agricultura pura Mandal et al. (2005).

A crescente pressão populacional e a urbanização, juntamente com a degradação dos solos e o aquecimento global, são as principais causas da insustentabilidade da produção alimentar nos países em desenvolvimento. Entre as diferentes abordagens para combater este problema, a agro-silvicultura ou o sistema de culturas intercalares de base lenhosa e perene provou ser uma componente chave da agricultura sustentável e é popular na abordagem das questões relacionadas com o fornecimento de madeira, combustível e forragem para preservar o frágil agro-ecossistema. Não só detém a degradação das terras, como também melhora a produtividade do local através da interação entre árvores, solo, culturas e/ou gado, recuperando assim parte, se não a totalidade, das terras degradadas Kumar (2006).

A economia indiana tem enfrentado muitos desafios devido à pressão crescente da população, à degradação dos recursos naturais, ao aumento das necessidades de alimentos, forragens e combustíveis e às alterações climáticas que afectam a agricultura e os sistemas agrícolas associados. O conhecimento tradicional da agrossilvicultura tem sido continuamente utilizado como meio de lidar com estes problemas de subsistência rural na Índia durante séculos. Para complementar esses esforços numa base científica, foram tomadas muitas iniciativas pelo Conselho Indiano de Investigação e Educação Florestal (ICFRE) e pelo Conselho Indiano de Investigação Agrícola (ICAR). Em 1983, o ICAR lançou um projeto de investigação coordenada em toda a Índia (AICRP) sobre agrossilvicultura para acelerar a investigação de base, estratégica e aplicada.

A Política Agrícola Nacional de 2000 reconheceu a agrossilvicultura como um programa eficaz para a ciclagem eficiente de nutrientes, o aumento da matéria orgânica no solo para uma agricultura sustentável e a melhoria do coberto arbóreo. A política afirmava ainda que "os agricultores devem ser incentivados a adotar práticas agrícolas/agroflorestais para aumentar os seus rendimentos através da evolução da tecnologia, da extensão e dos pacotes de apoio ao crédito e da eliminação dos obstáculos ao desenvolvimento da agrossilvicultura".
A política agroflorestal nacional

A Política Agrícola Comum de 2014, anunciada a 10 de fevereiro, tem potencial para reduzir substancialmente a pobreza nas zonas rurais da Índia e reavivar a agrossilvicultura. As estimativas do governo sugerem que a política ajudará a aumentar a área agroflorestal de 25,32 milhões de hectares para 53 milhões de hectares Jitendra (2014). A política permitirá aos agricultores colher os benefícios da agrossilvicultura e ajudará a satisfazer a procura de alimentos, forragens, lenha e madeira do país.

No Norte da Índia, espécies exóticas como o Populus e o Eucalyptus estão a ser cultivadas em escala crescente como árvores de agroflorestação pelos agricultores em valas de campo, dentro de campos agrícolas, terrenos baldios, etc. A popularidade destas espécies deve-se principalmente ao facto de crescerem rapidamente, serem tolerantes à poda e terem uma copa pequena que produz efeitos de sombra mínimos. Populous deltoides é uma árvore de folha caduca, pertence à família Salicaceae, vulgarmente conhecida como choupo, álamo e madeira de algodão. Ocorre em toda a floresta das regiões temperadas e frias do hemisfério norte. Desde a sua introdução na Índia, em 1981, a plantação de choupos começou a multiplicar-se na parte norte do país e os agricultores estão a utilizar várias culturas, como a cana-de-açúcar, o trigo, o milho, etc., como culturas intercalares com choupos. O choupo é amplamente plantado acima de 28° N de latitude na Índia, nos Estados de Arunachal Pradesh, Haryana, Himanchal Pradesh, Jammu & Kashmir, Bengala do Norte, Punjab, Uttar Pradesh e Uttarakhand. A área cultivada com choupo e salgueiro na Índia está estimada em 3.62.700 ha. Os rendimentos anuais do seu cultivo estão estimados em cerca de um lakh rupias por acre por ano (National Poplar Commission of India-Country Report (2012): Poplars and Willows in India)

Singh et al. (1999) avaliaram 22 clones de choupo, de um total de 125 clones cultivados em terrenos sódicos, com base no crescimento, na sobrevivência e no desempenho da biomassa. Verificou-se que o clone s7C20 teve um melhor desempenho em comparação com os outros clones. No sistema de culturas intercalares à base de árvores, especialmente o choupo híbrido, compete com a cultura pela luz, solo, teor de humidade e nutrientes, resultando numa redução significativa do rendimento e dos atributos de rendimento perto da linha de choupo Rivest et al. (2009).

A soja (Glycine max (L.) Merrill), cultivada pelas suas proteínas e óleo de sementes comestíveis, é frequentemente designada como a cultura milagrosa devido às suas múltiplas utilizações. Pertence ao género Glycine da família Fabaceae. Fabaceae é a família mais importante de plantas dicotiledóneas. Atualmente, o género Glycine é constituído por, pelo menos, 16 espécies selvagens perenes: por exemplo, Glycine canescens e G. tomentella. O feijão é classificado como leguminosa, enquanto a soja é classificada como oleaginosa. É um feijão versátil, com uma gama diversificada de utilizações.

No sistema agroflorestal à base de choupo durante a estação Kharif, especialmente na região de Tarai, no norte da Índia, a soja (Glycine max (L.) Merrill) é uma das culturas mais importantes, com 20-22% de óleo e 40-42% de proteína Chaturvedi et al. (2012). Acredita-se que, com o desenvolvimento do comércio marítimo e terrestre, a soja saiu da China para países próximos, como a Birmânia (Myanmar), o Japão, a Índia, a Indonésia, a Malásia, o Nepal, as Filipinas, a Tailândia e o Vietname, entre o século I d.C. e 1100 d.C. A soja é cultivada em mais de 50 países e é a principal cultura oleaginosa produzida e consumida em todo o mundo Wilcox (2004). A soja tornou-se atualmente a maior fonte de óleo vegetal e de proteínas do mundo e a sua cultura em grande escala está concentrada em poucos países, como a Argentina, o Brasil, o Canadá, a China, a Índia, o Paraguai e os EUA, que, em conjunto, produzem cerca de 96% dos 189 milhões de toneladas de produção anual de soja do mundo.

A Índia é o quinto maior produtor de soja do mundo, com uma área de 11,9 milhões de hectares cultivados com soja e uma produção de 12,3 milhões de toneladas (Anon (2014), USDA-Foreign Agricultural Service, Office of Global Analysis). É uma cultura leguminosa de curta duração que cresce num clima quente com precipitação intermédia a forte. Trata-se de uma planta anual, normalmente arbustiva, erecta, geralmente com menos de 75 cm de altura, muito ramificada, com raízes bem desenvolvidas e que produz um grande número de pequenas vagens com sementes redondas, geralmente amarelas ou pretas. As vagens, os caules e as folhas estão cobertos por uma fina pubescência castanha ou cinzenta. As folhas são trifoliadas (por vezes com 5 folíolos) e os folíolos têm 6-15 cm de comprimento e 2-7 cm de largura, caindo antes de as sementes estarem maduras. As flores pequenas, discretas e auto-férteis nascem no eixo da folha e são brancas ou roxas. O fruto é uma vagem peluda que cresce em grupos de 3-5, cada vagem com 3-8 cm de comprimento e geralmente contendo 2-4 (raramente mais) sementes com 5-11 mm de diâmetro

Em geral, o rendimento da soja é maior na estação da primavera do que na estação da kharif. Há uma margem substancial para aumentar tanto a área como a produtividade da soja na Índia. Para obter um rendimento ótimo da soja na época da colheita, especialmente na região de

Tarai, no norte da Índia, é necessário conhecer as propriedades do solo e o genótipo capaz de resistir a tensões temporárias, o que exige conhecimentos para ser uma cultura bem sucedida, para a qual é necessário desenvolver variedades e práticas de produção adequadas Tiwari et al. (1994).

O solo é um dos recursos naturais mais importantes que fornece a base e o suporte para armazenar a água e os nutrientes necessários ao crescimento e desenvolvimento da vegetação, sendo, por conseguinte, o meio de toda a produtividade vegetal. Braun (1934) salientou a estreita relação entre a evolução natural da vegetação e o desenvolvimento do solo. Ficou provado que a vegetação influencia em grande medida as propriedades físicas e químicas do solo. Existe uma inter-relação complexa entre o solo e a vegetação. A absorção selectiva de elementos nutritivos por diferentes espécies de árvores e a sua capacidade de devolver os nutrientes ao solo provocam alterações nas propriedades do solo Singh et al. (1986).

Tendo em conta o que precede, o presente estudo foi realizado com os seguintes objectivos

- Avaliação dos parâmetros de crescimento de diferentes plantas de choupo em sistema de cultura intercalar choupo-soja.
- Estudar o crescimento e os atributos de rendimento da soja sob diferentes plantas de choupo.
- Estudar o efeito nas propriedades do solo influenciado pelo sistema de cultivo intercalar choupo-soja.

CAPÍTULO 2

REVISÃO DA LITERATURA

A literatura relativa a diferentes aspectos do crescimento (árvore e cultura) e das propriedades do solo objeto da presente investigação foi revista neste capítulo e os pormenores são apresentados nos pontos seguintes:

2.1 Parâmetros de crescimento de diferentes plantas de choupo.

2.2 Parâmetros de crescimento da soja em diferentes plantações de choupo.

2.3 Propriedades do solo influenciadas pelo sistema de cultivo intercalar de choupo e soja.

2.1 Parâmetros de crescimento de diferentes plantas de choupo
2.1.1 Altura do caule

Singh et al. (1988) relataram que as árvores cultivadas em Agrofloresta atingiram um crescimento mais elevado em comparação com as cultivadas em condições florestais. Mohsin et al. (1996) também referiram que o Populus deltoides atinge melhor altura e DAP do que o seu povoamento puro nas idades iniciais (2nd e 3rd anos) e avançadas (6th e 7th anos). Singh et al. (1997) observaram que o choupo ganhava o máximo de altura, perímetro e biomassa lenhosa em 6 anos, quando era consorciado com culturas irrigadas com grandes quantidades de água (trigo-arroz/gramínea-da-índia/aveia, cerca de 492 cm e arroz-berseem/couve-berseem, cerca de 636 cm) em comparação com as que recebiam menos água (feijão-frade/sorgo/mostarda/cúrcuma, cerca de 258 cm).

Singh et al. (1999) avaliaram 22 clones de choupo de um total de 125 clones experimentados na região de terras sodadas e verificaram que o desempenho do clone s7c20 é melhor do que o de outros clones em termos de crescimento, sobrevivência e desempenho da biomassa. Dhanda e Verma (2001) registaram um aumento da altura das árvores com a idade, que foi superior a 5,5 m por ano durante os dois primeiros anos, 4-5 m por ano aos 3-5 anos e diminuiu para 3,1-3,4 m por ano aos 6-9 anos. O crescimento do choupo durante o segundo ano foi máximo e depois o crescimento aumentou com a idade, mas a uma taxa decrescente. O crescimento médio mensal em altura e diâmetro à altura do peito foi de 0,67m e 0,58cm, respetivamente, durante o segundo ano de plantação e

0,31m e 0,25cm, respetivamente, durante o quinto ano de plantação

Chauhan et al. (2009) referiram que o crescimento do choupo durante o segundo ano era máximo e que depois o crescimento progredia a uma taxa decrescente com a idade. O crescimento e o desenvolvimento iniciais de uma cultura são um bom indicador do rendimento final da cultura. Em geral, a germinação de uma cultura é afetada por vários factores, como o arejamento do solo e as condições de humidade, a temperatura, a sementeira, a profundidade, a concentração de sal, etc., para além da qualidade das sementes.

2.1.2 Diâmetro à altura do peito

Chaturvedi (1992) referiu que os choupos crescem melhor com culturas agrícolas do que em povoamentos puros e que a agricultura deve continuar até à colheita dos choupos. Mishra et al. (1996) observaram que o espaçamento entre plantas de 5x5 m (400 árvores ha^{-1}) e 5 x 3,75 m (533 árvores ha^{-1}) proporcionou maior altura das árvores, diâmetro à altura do peito (DAP), incremento médio anual em DAP e área basal de árvores individuais em comparação com outros tratamentos após seis anos e meio de plantação. A sobrevivência das árvores foi significativamente maior no espaçamento de 5 x 5 m. O volume total de madeira sob casca foi maior em 5 x 1,25 m (1600 árvores ha^{-1}) e 5 x 10 m (200 árvores ha^{-1}).

Chaudhry et al. (2003) relataram que o povoamento de choupo em consórcio tinha o maior incremento de diâmetro à altura do peito (dbh) e o pico de crescimento do dbh apareceu em 3rd anos de plantação. Oke e Owoeye (2005) observaram que a cultura intercalar de Grevillea com milho reduziu significativamente o diâmetro do colo e a biomassa dos rebentos de Grevillea robusta; o diâmetro do colo em 32% e o peso seco dos rebentos em 39% quatro meses após a transplantação e em 18,7% e 13,5%, respetivamente, aos 16 meses após a transplantação. Os valores mais baixos das percentagens de redução do crescimento aos 16 meses após o transplante, em comparação com os quatro meses após o transplante, indicam a capacidade das árvores para compensar o crescimento perdido com o tempo.

Jacobs et al. (2005) observaram que a fertilização no momento do plantio externo afetou significativamente o crescimento das mudas, ou seja, a altura e o diâmetro do colo da raiz (DCR) durante o primeiro (altura e DCR) e o segundo (apenas DCR) anos. O crescimento do diâmetro do colo da raiz foi estimulado em 33% pela aplicação de N P K @ 60 gm em comparação com o controlo. Da mesma forma, no segundo ano, a altura e o crescimento do

DCR aumentaram 17 e 21%, respetivamente, na taxa de 60 g em comparação com o controlo.

Dhillon et al. (2012) referiram que a circunferência basal média máxima foi registada no choupo plantado com kinnow (75,88 cm), seguido do choupo plantado com pêssego (69,78 cm), enquanto a circunferência basal mais baixa foi registada no controlo (53,90 cm). O diâmetro máximo à altura do peito foi registado em choupos interplantados com goiaba (18,87 cm), seguido de choupos interplantados com kinnow (17,67 cm), que foi igual quando plantados com pêssego (17,27 cm), enquanto que o menor DBH foi registado no controlo (15,16 cm).

2.1.3 Volume do caule

Chakrabarti e Gaharwa (1998) revelaram o volume do sal estabelecendo a relação estatística entre a variável dependente (V/D^2), em que V é o volume médio e a variável independente, o recíproco do ponto médio do diâmetro (D) para todo o país, utilizando o método dos quadrados de folhas. Dhanda e Verma (2001) prepararam uma equação do volume de madeira para Populus deltoides, com base numa equação de regressão.

$$Vob = 0,00703 + 0,32224*D^2 H \text{ (sobre a casca) e}$$
$$Vub = 0,003487 + 0,268366*D^2 H \text{ (sob a casca).}$$

Kumar et al. (2011) relataram que a biomassa de todas as partes diminuiu com o aumento do espaçamento entre árvores. A biomassa total das árvores, incluindo a queda de folhada, foi mais elevada no espaçamento 5 x 4m (415 t/ha), seguida dos espaçamentos 10 x 2,5m (330t/ha) e 15 x 2,5m (192 t/ha).

2.2 Parâmetros de crescimento da soja sob diferentes plantas de choupo 2.2.1 Contagem da germinação

Younger e Kapustaka (1981) demonstraram os efeitos aleloquímicos da folhada recém-caída de P. tremuloides no crescimento de plântulas de espécies herbáceas. Num estudo em vaso, o material da folhada de choupo inibiu o crescimento das plântulas de amieiro vermelho (Alnus rubra), enquanto o solo recolhido da planta de choupo não teve qualquer efeito determinado Heilman e Stelter (1985).

Branchgov e Strunia (1983) concluíram que as culturas agrícolas podem ser cultivadas de forma rentável entre as fileiras de choupos durante os primeiros dois anos, se a competição pela humidade não for demasiado grande.

Rao e Reddy (1984) estudaram o efeito de extractos de folhas de híbridos de eucalipto na germinação de certas culturas alimentares e não observaram qualquer efeito na germinação em condições normais de campo, o que foi atribuído à diluição e lixiviação de alguns dos inibidores resultantes da rega. Também observaram um aumento da percentagem de germinação em algumas culturas como a grama-forrageira, a grama-verde e o feijão-frade, indicando algum efeito estimulante dos extractos de folhas.

Shrinivasan et al. (1990) observaram, ao estudarem a tolerância de algumas leguminosas (como Vigna mungo, Vigna radiata, ervilha-de-angola e soja) a aleloquímicos de espécies arbóreas (viz. Eucalyptus tererticornis, Casuarina equisetifolia, Leucaena leucocephala e Acacia holosericea), que a germinação e o crescimento de todas estas culturas nos solos sob as quatro espécies arbóreas foram reduzidos. O Eucalyptus tereticornis apresentou o maior efeito inibitório. Entre as culturas, a soja foi a mais sensível, enquanto o feijão-frade pareceu ser a mais tolerante. Na soja, a germinação foi de apenas 69% no solo sob o Eucalyptus tereticornis, em comparação com o controlo.

Mohanty e Sahoo (1991), ao estudarem o efeito da humidade do solo e da profundidade de sementeira na emergência de plântulas de algumas culturas de campo, observaram que a percentagem de emergência de plântulas era maior a dois centímetros de profundidade de sementeira em todas as espécies, incluindo a grama verde a quatro centímetros e também a 50% e 25% da capacidade de campo.

Kamara et al. (1999) relataram uma forte atividade alelopática do extrato de folhas de Tetrapleura tetraptera na germinação e no desenvolvimento inicial do feijão-frade, bem como uma redução do feijão-frade em experiências em vasos.

Banwari (2002) concluiu que a biomassa da folhada de manga, shisham, subabool e jamun estimula a germinação e o alongamento do radical, bem como a plúmula da aveia, numa concentração mais baixa, ou seja, 25 g de biomassa da folhada por litro de água. No entanto, a germinação da aveia reduziu-se drasticamente numa concentração mais elevada, ou seja, 50g e 75g de biomassa de folhada por litro de água.

Mughal e Khan (2005) referiram que existia um efeito estimulante na germinação até 60%, onde a germinação registada foi de 97,25%, diferindo significativamente das germinações registadas no controlo. No entanto, outros parâmetros, ou seja, o comprimento dos rebentos, o comprimento das raízes, o índice de vigor e o número de raízes foram inibidos significativamente para além da concentração de 15% de lixiviado

Siddiqui et al. (2009) observaram que os extractos aquosos de folhas das espécies arbóreas Ficus infectoria, Emblica officinalis e Acacia leucocephala diminuíram significativamente a percentagem de germinação e aumentaram o tempo médio de germinação de Cicer arietinum, em particular a uma concentração de 30 g L^{-1} e 45 g L .$^{-1}$

2.2.1 Altura da planta

A altura da planta é um dos factores importantes que afectam a área foliar, a sua distribuição e a resistência ao acamamento. O acamamento reduz a área da secção transversal dos feixes vasculares, o que, por sua vez, perturba o movimento dos assimilados fotossintéticos e dos nutrientes absorvidos. Além disso, existe uma estreita associação entre a altura das plantas e o índice de colheita da cultura. Narwal e Sarmah (1992) registaram uma diminuição significativa da altura das plantas de algumas culturas arvenses, isto é, malmequeres, sorgo, milho, rícino, ervilha-de-angola, sesbânia e sunhemp, semeadas a 5,7 metros de filas duplas de Eucalyptus tereticornis com 5 anos de idade, no lado leste das árvores, com a diminuição da distância das árvores, exceto no sorgo.

Singh e Pathak (1993) registaram uma redução de 24-33% na altura das plantas de ervilha-de-angola sob árvores de Acacia tortilis com 14-15 anos. Dhawan e Malik (1995) referiram que o crescimento das plantas foi inibido devido à sombra do eucalipto em culturas como Zea mays e Vigna radiata. A redução máxima do crescimento em altura foi observada a 2 m de distância da fileira de eucaliptos na faixa de proteção.

Kohli et al. (1996) estudaram o desempenho de sete culturas de inverno, nomeadamente Triticum aestivum, Cicer arietinum, Lens culinaris, Avena sativa, Trifolium alexandricum, Brassica campestris e Pisum sativum, sob choupo de 6 anos. Verificaram que a altura das plantas após 30 e 60 dias foi sensivelmente reduzida sob Populus deltoides em comparação com o controlo a uma distância de 100 m.

Totey et al. (2000) verificaram um aumento da altura das plântulas de Dalbergia sissoo e Albizia procera através do tratamento com culturas de Rhizobium e da aplicação de fósforo. Meena et al. (2002) verificaram que a altura das plantas de feijão-frade foi significativamente reduzida pela cultura intercalar com Cenchrus setigerus (erva de Dhaman). Mishra (2002) também observou uma altura significativamente menor de sorgo, feijão-frade e feijão-mungo sob shisham em comparação com o controlo.

Shanker et al. (2005) descobriram que a altura da planta foi significativamente maior em povoamentos puros e não foi observada nenhuma diferença significativa sob diferentes densidades de H. binata. As diferenças na altura da planta em relação à cultura pura reduziram-se sob 400 árvores ha^{-1} em comparação com 200 árvores ha^{-1} e depois aumentaram sob 800 árvores ha^{-1} tanto na mostarda como na soja.

Patil et al. (2011) também observaram que a altura da planta foi reduzida em 5 por cento no sistema agroflorestal em comparação com sistemas de cultivo único. A redução da altura da planta no sistema agroflorestal em comparação com a cultura única pode ser atribuída à redução da turgescência celular como resultado do stress imposto devido à competição pela água, o que leva à diminuição do alongamento celular e à diminuição da altura da planta.

2.2.2 Rendimento e atributos de rendimento

A produtividade das culturas é determinada por uma série de caraterísticas denominadas atributos de rendimento. O rendimento biológico é um carácter dependente complexo, altamente influenciado pelo ambiente e contribuído pelo número de plantas por unidade de área e pelo tamanho da planta individual. No entanto, o rendimento económico ou de ganho é atribuído por componentes como a população de plantas e o rendimento de grãos por planta (ou seja, a função do número de vagens por planta, do número de grãos por vagem e do peso das sementes). A maioria dos componentes de rendimento são menos complexos e simplesmente herdados. No entanto, as flutuações ambientais têm grande influência na expressão fenotípica dos traços quantitativos Araus et al. (2008).

Shrinivasan et al. (1990) relataram com base numa experiência realizada em onze culturas de campo com três árvores polivalentes, ou seja, Eucalyptus tereticornis, Casuarina equisetifolia e Leucaena leucocephala. Descobriram que o rendimento de todas as culturas intercalares foi severamente inibido com todas as espécies de árvores. A maior redução no rendimento foi registada com Leucaena leucocephala e a menor com Casuarina equisetifolia. A redução no rendimento foi atribuída a uma maior competição por água e nutrientes pelo sistema expansivo de raízes de árvores.

Karim et al. (1991), ao estudarem o efeito de linhas de cobertura jovens de Leucaena leucocephala no crescimento e rendimento do milho, batata-doce e feijão-frade num sistema agroflorestal, verificaram uma redução no rendimento de todas as culturas devido à competição pela luz e nutrientes com a Leucaena leucocephala.

Singh e Kohli (1992) relataram, com base numa experiência conduzida em Chandigarh, o estudo do rendimento económico de grão-de-bico, lentilhas, trigo, couve-flor, berseem e toria, numa faixa de 12 metros de largura a sul de cinturas de proteção de Eucalyptus tereticornis com 8±1 ano de idade (três locais diferentes). Os autores relataram que o rendimento económico das variedades consorciadas foi reduzido em mais de 50% em comparação com o controlo.

2.2.2.1 Número de vagens por planta

Liyanage e Martin (1985) referiram que 15 variedades de soja semeadas sob coqueiros maduros no Sri Lanka diferiam significativamente no que respeita ao número de vagens por plantação. Verificou-se que as cultivares de soja Co 1 diminuíam sob coqueiros com 10 anos de idade em comparação com os coqueiros abertos, devido a más condições de luminosidade.

Singh e Pathak (1993) observaram que uma cultura de 14-15 anos de Acacia tortilis reduziu os ramos por planta e também a formação de vagens em 60 por cento no feijão bóer. As variedades de feijão-mungo testadas não diferiram significativamente quanto ao número de vagens por planta.

Lakshamamma e Rao (1996) observaram uma diminuição significativa do número de vagens na grama preta (Vigna mungo L.) com o aumento da sombra e registaram um número 18,8 e 38,5 por cento menor de vagens por planta sob 33 a 66 por cento de luz reduzida (sombra) do que o número de vagens por planta sob luz solar normal, respetivamente.

Nagagouda et al. (1996) observaram efeitos adversos variáveis de espécies arbóreas no rendimento de grãos de amendoim, com redução máxima sob Eucalyptus tereticornis e mínima sob Dalbergia sissoo.

Swamy et al. (2006) verificaram que os atributos de rendimento da soja cultivada no sistema de agrisilvicultura foram significativamente influenciados pelos clones de choupo. O número de vagens por planta também foi significativamente menor nos clones de choupo em comparação com a cultura única.

Rivest et al. (2009) relataram que o conteúdo de água no solo, a mineralização do N no solo, a porcentagem de transmissão total de luz reduziram significativamente o rendimento da soja e o componente de rendimento perto da linha híbrida de álamo e o número de vagens por metro quadrado contribuem com mais variação no rendimento do que o tamanho de 100 sementes e mostram alta correlação.

Chauhan et al. (2013) referiram que o número de vagens por planta de moongos diminuiu quase para metade em plantações de choupos com quatro anos de idade, em comparação com o controlo.

2.2.2.2 Número de grãos por vagem

Sinha (1980) observou diferenças significativas entre três variedades de feijão-mungo no que respeita ao número de sementes por vagem. Nagar et al. (2002), ao estudarem o efeito do rizóbio Brady no crescimento e rendimento de genótipos de soja, encontraram diferenças significativas entre genótipos para o número de sementes por vagem.

2.2.2.3 Peso de 100 grãos

Liyanage e Martin (1985) observaram que o peso de 100 sementes de 15 cultivares de soja sob coqueiros variava significativamente e ia de 12 a 22 gramas.

Nazir et al. (1993) observaram que o peso do grão de trigo diminuía significativamente sob Dalbergia sissoo com o aumento da duração do sombreamento. Lakshmamma e Rao (1996) observaram que o peso de 100 sementes de grama preta (Vigna mungo L.) diminuía de forma não significativa com o aumento do sombreamento de 33 para 66 por cento. Kumar (1999) também encontrou uma redução no peso de 1000 grãos de trigo em sistema agroflorestal. Nuberg e Mylins (2002) registaram um peso inferior de 1000 grãos numa cultura protegida (35,6 g) do que numa cultura exposta (40,1 g) devido à redução das radiações foto-sinteticamente activas

2.2.3 Rendimento e índice de colheita
2.2.3.1 Rendimento de grãos

Singh e Malhotra (1970) referiram que a produtividade económica ou o rendimento do grão envolve geralmente a distribuição final dos produtos derivados quase exclusivamente da assimilação atual de dióxido de carbono nos materiais e tecidos que constituem o rendimento.

Assim, o rendimento envolve principalmente bioquímica adicional e translocação de assimilação que frequentemente ocorre apenas durante uma parte do período total de crescimento.

Chandel et al. (1973) e Patil e Deshmukh (1988) observaram a correlação positiva entre vagens por planta, grãos por vagem e peso de 100 grãos de feijão-mungo e também a sua associação com o rendimento de grãos. Tayo (1983) observou que quase todos os componentes do rendimento da soja tinham uma correlação positiva e altamente significativa entre si. O número de sementes por vagem e o número de vagens por planta contribuíram com 76% da variação no rendimento de sementes por planta.

George e Nair (1987) relataram que o rendimento do feijão-frade (Vigna unguiculata (L) Walp) sob plantações de coco com 0, 25, 50 e 75 por cento de sombra foi de 1,58, 0,66, 0,44 e 0,15 toneladas por hectare, respetivamente. Shrinivasan et al. (1990) realizaram uma experiência de consociação de onze culturas com três espécies de árvores polivalentes, ou seja, Eucalyptus tereticornis, Casuarina equisetifolia e Leucaena leucocephala. Descobriram que o rendimento de todas as culturas intercalares foi severamente inibido com todas as espécies de árvores. A maior redução no rendimento foi registada com L. leucocephala e a menor com C. equisetifolia.

Karim et al. (1991) estudaram o efeito de linhas jovens de cobertura de L. leucocephala no crescimento e rendimento de milho, batata-doce e feijão-frade num sistema agroflorestal na Serra Leoa e encontraram uma redução nos rendimentos de todas as culturas devido ao cultivo intercalar com L. leucocephala.

Mishra et al. (2004) relataram, com base numa experiência realizada em Raipur, Chattisgarh, Índia, que a soja foi consorciada com cinco clones de choupo. Os resultados revelaram que a biomassa dos rebentos, a biomassa das raízes e os nódulos eram mais elevados na soja isolada (controlo). O rendimento de grãos foi mais elevado (14,5 q/ha) na cultura única e diminuiu nos clones de choupo. Reduziu de 2,06 a 33,1 por cento em diferentes clones de choupos.

Newaj et al. (2005) observaram que o rendimento de grãos da soja cultivada em sistema agri-silvi foi significativamente (P<0,05) menor do que o da soja pura. O rendimento de grãos da cultura intercalar foi aumentado significativamente (P<0,05) com a poda de Albizzia procera. O rendimento de grãos foi 132,5% maior com 70% de poda do que com árvores que cresceram normalmente.

Alka et al. (2006) estudaram a produtividade da soja e do trigo sob cinco clones (G-3, G-48, 65/27, D-121 e S7C1) de Populus deltoides e observaram uma redução significativa dos rendimentos de grãos e palha da soja e do trigo sob clones de choupo. No entanto, o rendimento de grãos da soja diminuiu com o aumento da idade dos clones de choupo e a redução máxima do rendimento com a idade dos clones variou de 9 a 15 q ha^{-1}. O rendimento de grãos de soja foi mais elevado na cultura única e reduziu-se de 10,1 a 33,3% sob diferentes clones de choupo. A redução no rendimento da soja sob diferentes clones foi de ordem: S C_{71} < D-121< 65/27< G-48< G-3, enquanto o rendimento do trigo foi maior sob o clone G-3 e S C_{71}. Ao contrário da soja, o rendimento do trigo foi menor no clone G-48. A redução do rendimento de grãos e palha do trigo nos clones foi na ordem de G-3< S C_{71} < D-121< 65/27< G-48.

Rivest et al. (2009) referiram que, em sistemas de culturas intercalares baseadas em árvores, as árvores, especialmente os choupos híbridos (HP), podem competir com as culturas pela luz, água e nutrientes, resultando numa diminuição da produção vegetal. Estes resultados sugerem que a seleção de clones de choupos híbridos, o espaçamento entre árvores dentro das linhas, o espaçamento entre linhas, a orientação e os tratamentos silvícolas, como o desbaste, podem ser úteis para controlar os efeitos negativos da competição dos choupos híbridos na cultura intercalar

Muntanal et al. (2009) observaram que o rendimento das culturas de campo diminuía à medida que a idade das árvores avançava. Os rendimentos da soja foram significativamente mais elevados com Prosopis cineraria e Azadirachta indica em comparação com outras espécies de árvores. Bijalwan (2011) concluiu que a redução do rendimento dos cereais nas culturas agrícolas em sistema de agrissilvicultura foi de 37,24% na vertente norte e de 44,35% na vertente sul. Em geral, há uma redução do rendimento das culturas agrícolas sob as árvores, mas esta redução é compensada por outros produtos das árvores que apoiam a comunidade agrícola da região. Pandey et al. (2011), ao estudarem o desempenho da grama (Cicer arietinum) em sistema agroflorestal baseado em nim, observaram a redução do rendimento de grãos sob a copa das árvores.

2.2.3.2 Rendimento em palha

O rendimento em palha representa os restos secos da parte aérea das plantas cultivadas a que foi retirada a semente.

Sharma et al. (1994) referiram que, em plantações com quatro a cinco anos de idade, o rendimento em palha diminuiu 36 e 26 por cento no painço, 92 e 46 por cento no feijão de cacho sob Acacia tortilis e Zizyphus rotundifolia, respetivamente. Bijalwan (2011) verificou que o rendimento em palha das culturas agrícolas era de 3587 kg/ha/ano no sítio-N, em comparação com 4510 kg/ha/ano em culturas exclusivamente agrícolas. No sítio S, o rendimento da palha foi registado como sendo de 2213 kg/ha/ano, em comparação com 3084 kg/ha/ano na condição de controlo (cultura única). O rendimento da palha foi comparativamente baixo no sistema agro-horti-silvícola, em comparação com o sistema de agricultura exclusiva. Chauhan et al. (2011) referiram que os rendimentos em grão e em palha eram significativamente mais baixos nas plantações em bloco de choupo do que ao ar livre (14 a 64% e 13 a 66% de rendimento em grão e em palha, respetivamente, numa plantação de um a seis anos).

Chauhan et al. (2012) referiram que o peso da palha foi significativamente reduzido nas plantações de choupo, com uma redução percentual de 12,46% nas plantações do primeiro ano e de 48,72% nas plantações de cinco anos.

2.2.3.3   Rendimento biológico

Gill e Patil (1988) realizaram uma experiência de campo para comparar o desempenho de 13 variedades de trigo sob a plantação de Leucaena leucocephala e observaram que a maior parte das variedades deu uma redução no rendimento sob o sistema agroflorestal em comparação com o sistema de campo aberto.

Joshi (2004) observou que os rendimentos biológicos, de grãos e de palha mostraram uma magnitude de redução no sistema agroflorestal. Isto pode dever-se à fraca disponibilidade de luz que resulta numa baixa eficiência fotossintética da cultura sob as árvores.

Das e Chaturvedi (2005) referiram que a biomassa das culturas de feijão-frade (Cajanus cajan) interplantadas com choupo diminuía com a idade da plantação.

2.2.3.4   Índice de colheita

Lakshmamma e Rao (1996) relataram que o índice de colheita diminuiu significativamente na grama preta com o aumento do grau de sombreamento. O índice de colheita máximo (38,3 por cento) foi observado em plantas de grama preta sob luz solar normal, enquanto foi de apenas 32,5 e 27,0 por cento com 33 e 66 por cento de sombreamento de árvores, respetivamente.

Pedersen e Lauer (2004) realizaram a investigação de campo durante 4 anos (1997 a 2000) em cinco sistemas de gestão e a experiência foi concebida em parcelas divididas. A parcela principal foi a data de plantação (início de maio vs final de maio). As subparcelas eram três cultivares de soja: Hardin (lançada em 1980; MG 2.0), DeKalb CX232 (1995; MG 2.3), e Spansoy 250 (1995; MG 2.5). O sistema de manejo influenciou o desenvolvimento dos diferentes componentes de rendimento e produziu massa de sementes variando de 10,5 a 16,5 g 100 sementes^{-1}, número de sementes de 2878 a 3824 sementes m^{-2}, número de vagens de 1182 a 1571 vagens m^{-2}, e sementes por vagem de 2,36 a 2,49 sementes vagem^{-1}. O índice de colheita variou de 56,2 a 58,0 por cento em todos os sistemas de manejo. O Hardin produziu o maior índice de colheita (60,1 %) e o Spansoy 250 o menor índice de colheita (54,5 %).

2.3 Propriedades do solo influenciadas pelo sistema de culturas intercalares de choupo e soja

Os sistemas agro-florestais têm um efeito estabilizador ou benéfico sobre as propriedades do solo, o que pode ser útil para inverter a degradação das terras, especialmente nas regiões tropicais. As árvores podem melhorar a qualidade do solo através da fixação do N atmosférico, o que pode aumentar o teor de N do solo. O grande sistema radicular das árvores acumula potencialmente nutrientes de um grande volume de solo, enquanto a queda de folhada concentra os nutrientes perto da superfície do solo. A adição de folhada e de raízes finas na renovação do solo pode aumentar a concentração de matéria orgânica do solo. Em geral, as árvores melhoram o microclima acima e abaixo do solo, a meso e a microfauna e a microflora em torno das raízes das plantas, o que altera as propriedades químicas, biológicas e físicas do solo.

Singh et al. (1989) estudaram a quantidade de folhada caída, a sua composição química, a adição de nutrientes e as alterações nos constituintes químicos do solo em sistemas agro-florestais que envolviam Populus deltoides e Eucalyptus híbrido com culturas intercalares de Cymbopogon martinii Wats e Cymbopogon flexuosus Wats no tarai das colinas de Kumaon da U.P. Índia. Em média, a produção de folhada seca de P. deltoides foi de 5,0 kg/árvore/ano, enquanto a de E. hybrid foi de 1,5 kg/árvore/ano. A folhada de P. deltoides continha 1,3 vezes mais N e 1,5 vezes mais P e K do que a de E. hybrid. A adição de N, P e K através da folhada de P. deltoides foi 36,6, 91,6 e 69,9 por cento mais do que a folhada de E. hybrid, respetivamente. Sob estas duas copas, o carbono orgânico do solo aumentou de 33,3 a 83,3 por cento, o N disponível de 38,1 a 68,9 por cento, o P disponível de 3,4 a 32,8 por cento e o K disponível de 5,8 a 24,3 por cento em relação ao controlo (sem copa de árvore) na camada de 0-15 cm. A plantação de P. deltoides foi superior à de E. hybrid no enriquecimento do solo.

Moshin et al. (1996) referiram que as plantações de choupo acrescentam mais nutrientes ao solo do que as culturas arvenses.

Tornquist et al. (1999) referiram que se registaram bases permutáveis e pH do solo mais baixos nos tratamentos agroflorestais em comparação com as pastagens. O P extraível foi mais elevado nos 25 cm superficiais das parcelas agro-florestais. O N total do solo, o C orgânico do solo e a relação C: N do solo não foram influenciados pelos sistemas agroflorestais. Foram observados níveis mais elevados de C mineralizável nos solos superficiais de pastagem, mas não foram observadas diferenças no N mineralizável em solos sob sistemas de pastagem e agroflorestais. O C e o N da biomassa microbiana do solo e a atividade respiratória específica não foram significativamente diferentes nas pastagens e nos sistemas agroflorestais.

Pandey et al. (2000) relataram que o C orgânico do solo, o N total, o P total, o N mineral (NO_3^- - N e NH_4^+ -N) e o P eram maiores nas posições de meio do dossel e na borda do dossel em comparação com a abertura do dossel. Os tamanhos dos reservatórios de C orgânico e N do solo foram máximos em 0 a 10 cm e diminuíram com a profundidade do solo. Os teores de P total e mineral foram quase uniformes em todas as profundidades. A relação C/N tendeu a aumentar com a profundidade do solo, enquanto a relação C: P diminuiu.

Bhardwaj et al. (2001) observaram que a acumulação de nutrientes na biomassa variava consoante a densidade das árvores. O teor máximo de nutrientes estava presente no espaçamento mais próximo. Também referiu que o teor de carbono orgânico no solo diminuía com a diminuição da densidade. O retorno de nutrientes através da queda de folhada foi menor nos espaçamentos mais próximos em comparação com a absorção total, o que criou um défice de nutrientes no solo.

Sharma et al (2001) referiram que o consumo de água do sistema aumentou até 6 m da linha das árvores, o que causou stress hídrico na cultura do trigo. Ao mesmo tempo, a plantação de choupos teve um efeito favorável no microclima que melhorou o estado de humidade do solo entre 6-9 m de distância e aumentou a eficiência do uso da água. A competição pelos recursos naturais foi reduzida entre as ervas daninhas e o trigo devido à redução da população de ervas daninhas e da biomassa no sistema. A produção de cama foi, em média, de 1103 kg ha^{-1} em plantações com 3 e 4 anos de idade, o que devolveu ao solo 12, 2,5, 8, 21,3 e 8,6 kg ha^{-1} de N, P, K, Ca e Mg. A quantidade de nutrientes adicionados ao solo diminuiu na ordem de Ca > N > Mg > K > P e o retorno máximo de nutrientes ocorreu perto da linha das árvores.

Chang et al. (2002) estudaram os efeitos da gestão do sub-bosque nas alterações das propriedades do solo, N mineral, teor de humidade e temperatura em sistema silvipastoril. O N mineral do solo, o teor de humidade e a temperatura foram monitorizados de julho de 1997 a julho de 1998 em duas posições (0,9 e 3,5 m a norte das linhas de árvores) e duas profundidades do solo (010 e 10-20 cm). O C e o N do solo na profundidade de 0-10 cm foram mais elevados nas parcelas de azevém do que nas parcelas de solo nu, reflectindo a entrada de C orgânico e N nas parcelas de azevém, bem como uma maior perda de N das parcelas de solo nu sob a forma de lixiviação de nitratos e/ou desnitrificação. O C do solo foi mais elevado na posição 0,9 m do que a 3,5 m de distância das linhas de árvores, possivelmente devido à maior entrada de C proveniente da decomposição das raízes finas das árvores e da queda de folhagem de agulhas na posição 0,9 m.

Lodhiyal et al. (2002) referiram que a quantidade total de nutrientes devolvidos ao solo através da folhada aumentou com o aumento da idade da plantação devido a uma maior acumulação de folhada. A eficiência da utilização de nutrientes (NUE) variou entre 70 (1st yr) e 80 (4th yr) para o N, 580 (1st yr) e 625 (4th yr) para o P e 119 (3rd yr) e 120 (4th yr) para o K.

Das e Chaturvedi (2005) verificaram que a biomassa, a massa de folhada, a queda de folhada e a produtividade primária líquida (NPP) das plantações aumentavam com o aumento da idade das árvores, ao passo que a biomassa de qualquer cultura específica interplantada com choupo diminuía com a idade da plantação. A biomassa total da plantação aumentou de 12,08 para 90,59 Mg ha^{-1} e a NPP variou de 5,69 para 27,9 Mg ha^{-1} ano^{-1} . A queda total anual de folhada situou-se entre 1,95 e 10,00 Mg ha^{-1} ano^{-1} , dos quais 92-94% foram contribuídos pela folhada, ajudando a melhorar a fertilidade do solo.

Isaac et al. (2005) estudaram a dinâmica do carbono e do azoto numa cronosequência de vinte e cinco anos de plantações de cacau (Theobroma cacao Linn.). Foram selecionados três tratamentos como locais de investigação na exploração: plantações com 2, 15 e 25 anos. O carbono do solo (C, a uma profundidade de 15 cm) variou entre os tratamentos (2 anos: 22,6 Mg C ha^{-1} ; 15 anos: 17,6 Mg C ha^{-1} ; 25 anos: 18,2 Mg C ha^{-1}) com uma diferença significativa entre os tratamentos de 2 e 15 e 2 e 25 anos ($p < 0,05$). O azoto total do solo nos 15 cm superiores variou entre 1,09 e 1,25 Mg N ha^{-1} mas não foram encontradas diferenças significativas entre os tratamentos. As taxas de nitrificação do solo e a queda de folhada aumentaram significativamente com a idade do tratamento.

Shiraji et al. (2006) referiram que os elevados valores nutritivos na folhagem das espécies de acácias nativas indicam que a Acacia nilotica pode desempenhar um papel importante na melhoria da fertilidade do solo e pode também proporcionar bons rendimentos económicos nas terras marginais.

Singh e Sharma (2007) referiram que o carbono orgânico do solo era significativamente maior nas plantações de choupo mais antigas (6,83 g kg^{-1}) do que nas mais jovens (5,35 g kg^{-1}). Os macronutrientes disponíveis no solo aumentaram em épocas de amostragem sucessivas. A concentração média de Zn na amostragem final foi 17% inferior à da amostragem inicial, ao passo que os outros micronutrientes tenderam a aumentar entre abril de 2002 e outubro de 2003 e o aumento foi maior nas plantações com quatro anos do que nas plantações com um ano, devido a um maior aporte de matéria orgânica.

Teklay (2007) referiu que o teor de polifenóis nas folhas não apresenta os efeitos preditivos que lhe têm sido atribuídos e que outros constituintes, como os taninos condensados, seriam mais adequados. No geral, houve uma mineralização líquida de N, P e K de Albizzia e Cordia, mesmo durante a estação seca e, consequentemente, a folhada destas espécies tem o potencial de melhorar a fertilidade do solo.

Erika et al. (2009) observaram que os nutrientes disponíveis no solo P, K, Mg eram mais elevados sob floresta e diminuíam rapidamente com o aumento dos ciclos de pousio. O Ca e o pH aumentaram momentaneamente no primeiro ciclo de pousio antes de diminuírem com a utilização avançada do solo. As concentrações de Al aumentaram de forma constante com o tempo. Uma vez que não é possível prolongar os períodos de pousio, é necessário intensificar os sistemas de terras altas com base numa melhor ciclagem dos nutrientes, em factores de produção específicos, na gestão das terras sem incêndios e na diversificação da utilização das terras. Permitir que os pousios de árvores e arbustos acumulem biomassa (carbono acima e abaixo do solo) melhorará significativamente a contribuição de Madagáscar para a mitigação dos gases com efeito de estufa.

Gupta et al. (2009) recolheram amostras de solo superficiais e subsuperficiais de sítios agroflorestais e não agroflorestais adjacentes com diferentes anos de plantação de choupo (1, 3 e 6 anos) e diferentes texturas de solo (areia argilosa e argila arenosa) e analisaram o carbono orgânico do solo, o seu sequestro e a distribuição do tamanho dos agregados. O carbono orgânico médio do solo aumentou de 0,36 em cultura única para 0,66% em solos agroflorestais. O aumento foi maior na areia argilosa do que na argila arenosa.

Singh et al. (2010) referiram que o carbono orgânico do solo (CO) e os nutrientes disponíveis eram significativamente mais elevados na profundidade da superfície do solo (0-15 cm) do que nas profundidades inferiores, independentemente da espécie de árvore, e também significativamente mais elevados sob todas as espécies de árvores em comparação com o controlo na camada superficial (todas com 13 anos de idade e espaçadas a 6 x 3 m). O carbono orgânico aumentou 90,3% sob siris, seguido de kikar (84,5%), shisham (82,2%) e subabul (80,8%) em relação ao controlo (3,81 g/kg). Os teores de N, P e K disponíveis na camada superficial foram mais elevados sob subabul, siris, shisham e kikar do que nas outras espécies de árvores. No sistema agroflorestal à base de choupo (com um espaçamento de 5 x 4 m), os teores médios de CO, N, P e K foram superiores em 22,2, 10,2, 33,6 e 4,5%, respetivamente, aos da rotação pura de milheto-trigo durante uma rotação de seis anos.

Gupta (2011) registou um máximo de carbono orgânico do solo (SOC) na floresta de sal (73,63 t ha^{-1}) seguido de floresta diversa (56,48 t ha^{-1}). No âmbito da horticultura, o SOC foi mais elevado (58,66 t ha^{-1}) nos solos do pomar de lichia, em comparação com o pomar de manga (40,62 t ha^{-1}) e o pomar de goiaba (29,46 t ha^{-1}). Na plantação em bloco, o máximo de SOC foi estimado nos solos sob teca (52,50 t ha^{-1}), seguido de eucalipto (39,06 t ha^{-1}), choupo (30. t ha^{-1}) e o mínimo foi sob shisham (28,12 t ha^{-1}). No modelo agroflorestal, o choupo - cana-de-açúcar apresentou um maior conjunto de SOC (25,78 t ha^{-1}) em comparação com o choupo - trigo (22,93 t ha^{-1}). Em média, as florestas de Haridwar têm 65,05 t ha^{-1} SOC pool, enquanto a utilização de terras hortícolas tem 42,91 t ha^{-1}, a plantação tem 37,53 t ha^{-1} e a agro-silvicultura tem 24,35 t ha^{-1}. Os solos sob povoamento florestal apresentam uma reserva de carbono mais elevada do que as outras utilizações do solo.

Rivest et al. (2010) relataram que a soja cultivada como cultura intercalar durante dois anos consecutivos melhorou a transferência e o fornecimento de nutrientes para choupos híbridos.

Sharma e Dadhwal (2011) estimaram que a folhagem de choupo adicionava, em média, 11,9, 2,5, 7,9, 21,3 e 8,9 kg ha^{-1} de azoto, fósforo, potássio, cálcio e magnésio, respetivamente, ao solo com três a quatro anos de idade. Perto da linha dos choupos (0-3 m) foram registados teores mais elevados de carbono orgânico (0,53%), azoto total (0,07%), K disponível (137 kg ha^{-1}), Ca permutável (0,24%) e Mg permutável (0,13%).

Yadav et al. (2011) concluíram que a biomassa microbiana do solo C, N e P sob agroflorestação variou entre 262-320, 32,1-42,4 e 11,6-15,6 pg g^{-1} solo, respetivamente, com a biomassa microbiana correspondente C, N e P de 186, 23,2 e 8,4 pg g^{-1} solo sob um controlo sem árvores. Os fluxos de C, N e P através da biomassa microbiana foram também significativamente mais elevados no sistema de utilização do solo baseado em Prosopis cineraria, seguido de Dalbergia sissoo, Acacia leucophloea e A. nilotica, em comparação com um controlo sem árvores.

Chauhan et al. (2012) relataram que os parâmetros do solo (carbono orgânico, azoto total, P e K disponíveis) também foram acedidos para quantificar o efeito deste sistema sobre os nutrientes nas quatro direcções, juntamente com o armazenamento de carbono na biomassa, que foram significativamente influenciados pela plantação de choupo.

Baum et al. (2013) relataram que as proporções de hidratos de carbono, ácidos gordos de cadeia longa, esteróis e suberinas à custa de compostos contendo N mais elevados sob choupo (Populus maximowiczii) do que sob trigo (Triticum aestivum) estavam associadas a concentrações mais baixas de ácidos gordos fosfolípidos microbianos (PLFAs) na matéria orgânica, O estudo da qualidade da matéria orgânica do solo (MOS) e das comunidades microbianas associadas foi efectuado através da utilização da espetrometria de massa de ionização em campo de pirólise (Py-FIMS) e dos ácidos gordos fosfolípidos microbianos (PLFA), mostrando diferenças específicas das culturas. O choupo apresentou um rácio mais elevado de PLFAs totais de fungos e bactérias (f/b), um rácio mais baixo de PLFAs de bactérias Gram-positivas e Gram-negativas e uma biomassa mais baixa de fungos micorrízicos arbusculares na matéria orgânica do que no trigo. A menor disponibilidade de N e o aumento de C na MOS promoveram a colonização por fungos e bactérias, aumentaram a estabilidade da MOS através de uma menor decomposição e causaram a acumulação de MOS sob choupo.

CAPÍTULO 3

MATERIAIS E MÉTODOS

Os pormenores dos materiais utilizados, os procedimentos experimentais e as técnicas seguidas durante a investigação são apresentados neste capítulo.

3.1 Sítio experimental

A experiência de campo foi conduzida durante a estação kharif de 2014 no local experimental do Centro de Investigação Agroflorestal (antigo local), Patharchatta da Universidade G.B. Pant de Agricultura e Tecnologia, Pantnagar, Distt. Udham Singh Nagar, Uttarakhand. O Centro está situado a uma altitude de 243,84 metros acima do nível médio do mar, no sopé da cordilheira Shivalik dos Himalaias, na estreita faixa denominada *"Tarai"*.

3.2 Clima e tempo

O clima e o tempo de Pantnagar são subtropicais húmidos, com invernos frios e verões quentes e secos. A temperatura máxima diária no verão pode atingir os 42^0 C e a temperatura mínima no inverno pode descer até $0,5^0$ C. A monção começa na segunda ou terceira semana de junho e prolonga-se até ao final de setembro. Geralmente, a monção de sudoeste começa na segunda ou terceira semana de junho e prolonga-se até ao final de setembro. A precipitação média anual é de cerca de 1450 mm, dos quais 80-90% são recebidos durante a estação húmida (julho a setembro). As variações semanais de dados de parâmetros meteorológicos importantes durante o período experimental foram obtidas do observatório meteorológico localizado no Centro de Investigação de Culturas. A temperatura máxima média semanal durante a experiência variou de 29,1 a 37,0° C e a temperatura mínima variou de 15,5 a 26,9° C. A precipitação total recebida durante a experiência foi de 714,4 mm. Os dados meteorológicos semanais são apresentados na Figura 3.1 e no Apêndice I.

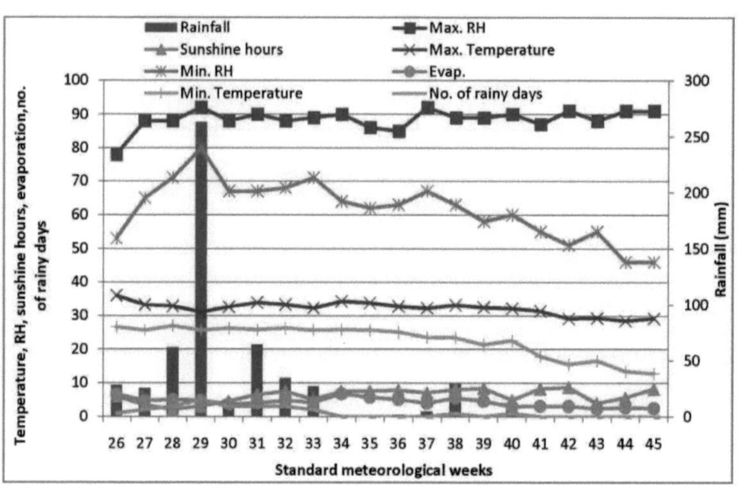

A figura 3.1 mostra os parâmetros meteorológicos médios semanais durante a época da colheita de junho a novembro de 2014.

3.3 Detalhes experimentais

Os pormenores e métodos experimentais são descritos a seguir:

    o Nome da cultura arbórea - Choupo (G-48)

    o Nome da cultura - soja (PS-1347)

3.4 Detalhes do tratamento:

Treatment	9
One Plot Size	189 m^2 (9m×21m)
Replications	3
Number of plots	27
Total area	5103 m^2 (27 × 189 m^2)
Spacing in poplar	3m × 7m (plant to plant -3m, Row to row plants- 7m)
Experimental design	Random Block Design (RBD)
Date of sowing (Soybean)	2nd July, 2014
Date of poplar planting	9th February, 2013

3.5 Parâmetros de crescimento de diferentes plantas de choupo

As várias plantas (materiais) de choupo foram plantadas em 9th fevereiro de 2013 com um espaçamento de 7m x 3m. Toda a área experimental foi disposta de acordo com o plano apresentado na Figura 3.1.

3.5.1 Altura do caule

A altura do caule é a distância reta entre a ponta dos rebentos principais e o nível do solo. Foi medida com a ajuda de uma vara de bambu marcada com um medidor em diferentes intervalos e as observações foram registadas desde julho até à colheita das culturas de soja, ou seja, novembro.

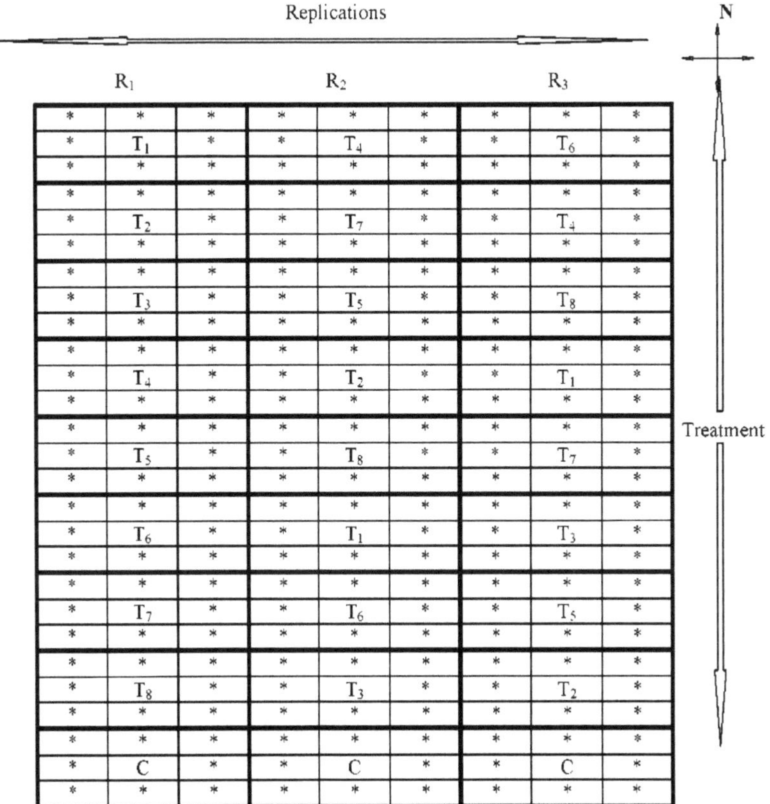

Figura 3.2 Plano de implantação da experiência de campo da cultura da soja sob diferentes plantações de choupo

As plantas de choupo são descritas como:

T1=ETP (Normal)

T2=2 anos ETP

T3=Corte da ETP de 2 anos

T4= Ramo (2cm de diâmetro) principal

T5= Ramo secundário

 superior (1cm)

T7=Corte

T8=Semeadura

C=Controlo (apenas para a soja)

3.5.   2Diâmetro do colarinho

O diâmetro do colo, juntamente com a casca a 6 cm acima do solo, foi registado com a ajuda de um compasso de calibre vernier em diferentes fases durante o período experimental.

3.5.   3Diâmetro à altura do peito

O diâmetro do caule fora da casca à altura do peito (1,37 m acima do nível do solo) foi registado com a ajuda de um compasso de calibre vernier em diferentes fases da experiência.

3.5.   4Largura da coroa

A extensão máxima da coroa ao longo da sua maior largura foi medida com a ajuda de uma régua modificada em diferentes fases durante o período da experiência.

3.5.   5Volume do caule

O volume sobre a casca (Vob) de todas as árvores individuais de cada clone de choupo e de cada repetição foi estimado utilizando a equação de regressão desenvolvida por Dhanda e Verma (2001) para Populus deltoides da seguinte forma

$$Vob = 0.00703 + 0.32224 * D^2 H$$

Em que, Vob = Volume (sobre a casca)

      D = Diâmetro à altura do peito (dbh)

      H = altura da planta (em m)

3.5.   6Aumento de volume do caule   %

A percentagem de incremento volumétrico do caule da planta de choupo foi estimada utilizando a seguinte fórmula

$$\text{Incremento vol. \%} = \frac{\text{Volume final do caule de choupo - volume inicial do caule de choupo}}{\text{Volume inicial do caule do choupo}} \times 100$$

3.6 Parâmetros de crescimento da soja

3.6.1 Contagem da germinação

A contagem da germinação da soja por m² área foi registada aos 15 dias após a sementeira de todas as parcelas de cada tratamento e de cada repetição e relatada como contagem de germinação por m.²

3.6.2 Altura da planta

A altura das plantas de soja foi medida aos 30, 60 e 90 dias após a sementeira. Cinco plantas de soja de cada tratamento e de cada repetição foram medidas do topo da planta até a base, deixando as raízes. A altura das plantas foi apresentada em centímetros, com base na média de cinco plantas.

3.6.3 Índice de área foliar

O índice de área foliar foi medido em intervalos de 30, 45 e 60 dias após a semeadura da cultura da soja. O número de folhas funcionais foi recolhido de três amostras de plantas e agrupado em folhas grandes, médias e pequenas. Foram retiradas cinco folhas representativas de cada categoria e a sua área foi medida com um medidor automático de área foliar. Em seguida, a área foliar foi calculada multiplicando o número de folhas de uma determinada categoria pela respectiva área foliar disposta, tendo sido efectuado o somatório da área foliar das três categorias. A área foliar foi registada como a área foliar cm² planta^{-1} . Depois disso, o índice de área foliar (IAF) foi calculado para cada parcela, utilizando a seguinte fórmula:

$$\text{Índice de área foliar (LAI)} = \frac{\text{Área foliar por planta}}{\text{Área de solo coberta por planta}}$$

3.2.1 Matéria seca de soja por planta (parte acima do solo)

A matéria seca da soja por planta (porção acima do solo) foi recolhida aos 30, 60 e 90 dias após a sementeira e, finalmente, na colheita. De cinco plantas selecionadas aleatoriamente e secas em estufa a 70 ± 2° C durante 48 horas para obter a acumulação de matéria seca por planta.

3.7 Atributos de rendimento da soja

Os seguintes estudos pós-colheita foram efectuados em três plantas selecionadas aleatoriamente por parcela, na altura da colheita, da forma descrita a seguir:

3.7.1 Número de vagens por planta

O número total de vagens foi contado em cinco plantas que foram retiradas de uma planta de amostra de todas as parcelas de cada tratamento e de cada repetição. O número médio de vagens por planta foi calculado dividindo o número total de vagens por cinco.

3.7.2 Comprimento da vagem por planta

De todas as parcelas de cada tratamento e de cada repetição foram recolhidas cinco amostras de vagens e medidos os seus comprimentos. O comprimento das vagens por planta foi calculado dividindo o comprimento total por cinco.

3.7.3 Número de grãos por planta

Todos os grãos obtidos das cinco plantas amostradas, retiradas de todas as parcelas de cada tratamento e de cada repetição, foram contados e o número de grãos por planta foi calculado dividindo o número total de grãos pelo número total de plantas.

3.7.4 Peso de 100 grãos

Do rendimento líquido da parcela, foi retirada uma amostra aleatória de 100 grãos, que foi pesada para calcular o peso dos cem grãos em gramas.

3.8 Rendimento e índice de colheita
3.8.1 Rendimento de grãos

Os produtos foram secos ao sol, debulhados, limpos e pesados para registar o rendimento de grãos por parcela e expresso em quintais por hectare.

3.8. 2Rendimento da palha

O rendimento em grão foi subtraído do rendimento biológico total (grão + palha) obtido para cada parcela líquida para obter o rendimento em palha por parcela e expresso em quintais por hectare.

3.8. 3Rendimento biológico

O produto (grãos + palha), excluindo a massa radicular de cada parcela de rede, foi seco ao sol após a colheita e pesado. O rendimento biológico foi expresso em quintais por hectare.

3.8. 4Índice de colheita

O índice de colheita (HI) foi calculado a partir do rendimento de grãos e do rendimento biológico obtidos para cada área de parcela líquida da seguinte forma:

$$\text{Índice de colheita (\%)} = \frac{\text{Rendimento de grãos}}{\text{Rendimento biológico}} \times 100$$

3.9 Caraterísticas do solo

O solo da região do Tarai é aluvial, com materiais de textura média a moderadamente grosseira, sob influência predominante de vegetação alta e com drenagem moderada a boa. O solo desenvolveu-se fracamente com epipedões e horizontes molíticos e é classificado como Mollisols. O solo do sítio experimental pertencia ao Matkota-III clay loam como textura superficial Deshpandey et al. (1971).

Encomendar	: Mollisols
Subordem	: Udoll
Grande grupo	: Hapludoll
Subgrupo	: Haplodoll Aquático
Família	: Mistura de sedimentos finos, hiperémica
Série	: Série Matkota-III franco-argilosa

3.9.1   pH do solo

O pH do solo foi determinado na proporção 1:2,5 solo/água e, após meia hora de equilíbrio, o pH foi determinado com a ajuda de um elétrodo de vidro num medidor de pH com microprocessador, modelo systronics 361 Jackson (1967).

3.8.2   Condutividade eléctrica do solo

A condutividade eléctrica do solo foi medida numa suspensão 1:2,5 solo/água a 25° C com um medidor de condutividade digital com microprocessador 306.

3.8.3   Carbono orgânico do solo (SOC)

O teor de carbono orgânico no solo foi determinado segundo o método de Walkley e Black (1934) modificado, tal como descrito por Jackson (1967).

3.8.4   Azoto disponível no solo

O azoto disponível no solo foi determinado pelo método do permanganato de potássio alcalino Subbiah e Asija (1956).

3.8.5   Fósforo disponível no solo (P_2O_5)

O fósforo disponível foi extraído com um extrato de bicarbonato de sódio (0,5 M $NaHCO_3$) ajustado a pH 8,5, de acordo com o método de Olsen et al. (1954) e medido a intensidade da cor azul aparente no espetrofotómetro UV-VIS 108.

3.8.6 Potássio disponível no solo (K_2O)

O potássio disponível foi determinado pelo método do acetato de amónio neutro descrito por Hanway e Heidel (1952) e a concentração de K no filtrado foi medida utilizando o fotómetro de chama systronic modelo 128.

3.10 Análise estatística

Os dados obtidos para os diferentes parâmetros do solo foram analisados estatisticamente através de uma análise geral de variância de uma via, segundo o procedimento de Gomez e Gomez (1984). Sempre que os efeitos se mostraram significativos a um nível de probabilidade de 5 por cento, foi calculada a diferença crítica (DC). A análise foi efectuada em computador, utilizando o pacote "STPR".

CAPÍTULO 4

RESULTADOS E DISCUSSÃO

Os resultados obtidos a partir da experiência realizada no Centro de Investigação Agroflorestal (antigo local), Patharchatta da Universidade de Agricultura e Tecnologia G.B. Pant, Pantnagar, Distt. Udham Singh Nagar, Uttarakhand, durante a estação kharif de 2014, para elucidar a "Avaliação do crescimento de diferentes plantas de choupo (Populus *deltoides)* e o seu efeito na cultura da soja e no solo" são aqui apresentados com a ajuda de quadros e figuras. A análise de variância é apresentada em apêndices.

4.1 Parâmetro de crescimento de diferentes plantas de choupo

4.1.1 Altura do caule

Os dados relativos à altura das árvores de diferentes cepas de plantação de choupo registados durante a estação Kharif de 2014 são apresentados no Quadro 4.1, na Figura 4.1 e no Apêndice II. Os dados mostraram variações estatisticamente significativas na altura entre as diferentes cepas de plantação de choupo.

Entre as diferentes cultivares de choupo, antes da semeadura da soja, a altura máxima (4,82 m) foi observada no tratamento T8, ou seja, a planta de choupo levantou uma muda de 1 m e a altura mínima (3,24 m) no tratamento T5. Na colheita da soja, os diferentes tipos de plantio de álamo mostraram o aumento máximo de altura (21,91%) durante o experimento no tratamento T5, seguido pelo T7 (18,45%), enquanto o aumento mínimo de altura (12,83%) foi observado no tratamento T4. Singh *et al.* (1997), Dhanda e Verma (2001) e Chauhan *et al.* (2009) referiram que o choupo atingiu o crescimento máximo em altura durante 2-3 anos.

4.1.2 Diâmetro do colar

Os dados registados para o diâmetro do colarinho de diferentes plantas de choupo durante a estação Kharif de 2014 com soja como cultura intercalar são apresentados na Tabela 4.2, Figura 4.2 e Apêndice III. A observação dos dados registou que houve variações estatisticamente significativas no diâmetro do colo entre as diferentes plantas de choupo.

Treatments	Stem height (m)				
	July	August	September	October	November
T_1	3.85	4.09	4.29	4.44	4.50
T_2	3.88	4.18	4.38	4.50	4.57
T_3	3.84	4.12	4.30	4.39	4.45
T_4	4.52	4.76	4.90	5.06	5.10
T_5	3.24	3.50	3.73	3.90	3.95
T_6	4.01	4.27	4.54	4.64	4.75
T_7	3.58	3.87	4.09	4.22	4.26
T_8	4.82	5.03	5.23	5.44	5.49
SEm ±	0.18	0.17	0.18	0.18	0.18
CD at 5%	0.25	0.24	0.25	0.25	0.26
CV %	7.89	7.22	7.04	6.86	6.99

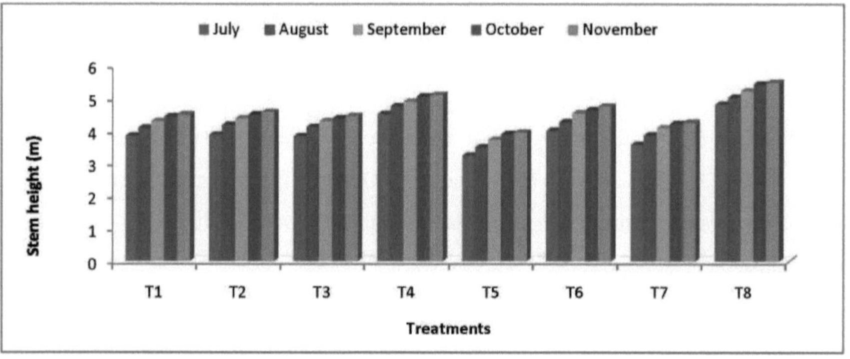

Figura 4.1 Altura de diferentes parcelas de plantação de choupo durante a estação kharif, 2014

Entre as diferentes cultivares de choupo, antes da semeadura da soja, o diâmetro máximo do colo (6,19 cm) foi observado no tratamento T8 e o diâmetro mínimo do colo (3,94 cm) foi observado no tratamento T7.

Na colheita da soja, o incremento no diâmetro do colo das diferentes plantas de choupo foi máximo (15,65%) no tratamento T7, seguido pelo T5 (14,32%), enquanto o aumento mínimo do diâmetro do colo (10,69%) foi no tratamento T8.

Dhillon et al. (2012) referiram que a circunferência basal média máxima foi registada no choupo plantado com kinnow (75,88 cm) seguido do choupo plantado com pêssego (69,78 cm), enquanto a circunferência basal mais baixa foi registada no controlo (53,90 cm). Resultados semelhantes foram também registados por Jacobs et al. (2005).

Quadro 4.2 Diâmetro do colo de diferentes plantas de choupo durante a época da colheita, 2014

Treatments	Collar diameter (cm)				
	July	August	September	October	November
T_1	5.00	5.23	5.42	5.54	5.57
T_2	4.94	5.19	5.42	5.55	5.58
T_3	4.97	5.22	5.45	5.56	5.59
T_4	5.39	5.64	5.87	5.96	5.97
T_5	4.02	4.28	4.48	4.58	4.60
T_6	4.28	4.51	4.72	4.81	4.85
T_7	3.94	4.19	4.40	4.51	4.56
T_8	6.19	6.46	6.67	6.81	6.86
SEm ±	0.24	0.25	0.22	0.22	0.23
CD at 5%	0.75	0.76	0.68	0.69	0.70
CV %	8.83	8.51	7.29	7.27	7.31

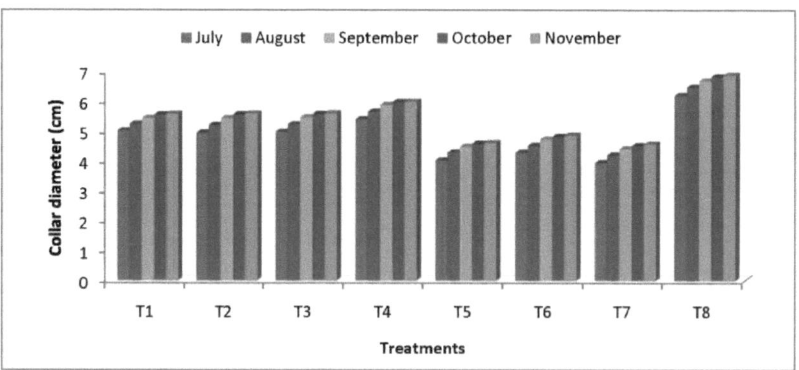

Figura 4.2 Diâmetro do colo de diferentes plantas de choupo durante a época da colheita, 2014

4.1.3 Diâmetro à altura do peito (DAP)

Os dados relativos ao DAP de diferentes plantas de choupo registados durante a estação Kharif de 2014 são apresentados no Quadro 4.3, na Figura 4.3 e no Apêndice IV. Os dados registados revelaram variações estatisticamente significativas para o DAP entre as diferentes plantas de choupo.

No momento da semeadura da soja, o DAP máximo (4,80 cm) foi observado no tratamento T8 e o mínimo (2,52 cm) no tratamento T7. Na colheita da soja, o

Na colheita da soja, o aumento máximo de DAP (25,39%) foi observado no tratamento T7 seguido do T5 (23,46%), enquanto o DAP mínimo (12,70%) foi observado no tratamento T8. Dhillon et al. (2012) relataram que o diâmetro máximo à altura do peito foi registado em choupos interplantados com goiaba (18,87 cm), seguido de choupos interplantados com kinnow (17,67 cm), que foi igual quando cultivados com pêssego (17,27 cm), enquanto que o DBH mais baixo foi registado no controlo (15,16 cm). Chaudhry et al. (2003) também obtiveram resultados semelhantes.

Quadro 4.3 DAP de diferentes plantas de choupo durante a época da colheita, **2014**

Treatments	DBH (cm)				
	July	August	September	October	November
T₁	3.75	3.99	4.18	4.28	4.32
T₂	3.68	3.91	4.11	4.23	4.26
T₃	3.64	3.88	4.10	4.22	4.25
T₄	4.14	4.36	4.58	4.69	4.73
T₅	2.60	2.83	3.06	3.16	3.21
T₆	2.86	3.09	3.29	3.39	3.44
T₇	2.52	2.78	2.97	3.10	3.16
T₈	4.80	5.02	5.24	5.36	5.41
SEm ±	0.82	0.82	0.83	0.83	0.84
CD at 5%	0.27	0.27	0.28	0.28	0.28
CV %	13.40	12.51	11.88	11.64	11.66

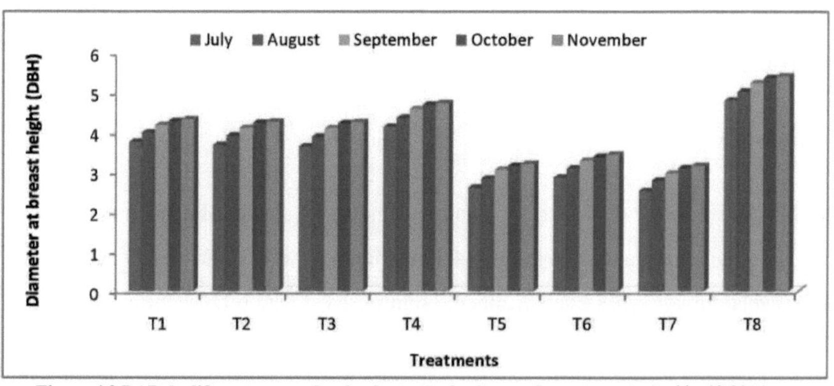

Figura 4.3 DAP de diferentes parcelas de plantação de choupo durante a estação kharif, **2014**

4.1.　4Largura da coroa

Os dados relacionados com a largura da copa de diferentes plantas de choupo registados durante a estação Kharif de 2014, com soja como cultura intercalar, são apresentados no

Quadro 4.4, na Figura 4.4 e no Apêndice V. Os dados revelam variações significativas na largura da copa entre as diferentes plantas de choupo.

No momento da semeadura da soja, a largura máxima da copa (4,73 m) foi observada no tratamento T8, enquanto a mínima (2,70 m) no tratamento T7. Na colheita da soja, o aumento da largura da copa foi máximo (15,03%) em T5, seguido por T3 (13,63%), enquanto o mínimo (6,13%) foi observado no tratamento T8.

Quadro 4.4 Largura da coroa de diferentes parcelas de choupo durante a época de colheita, 2014

Treatments	Crown width (m) Before Sowing	Crown width (m) After Harvesting
T_1	3.38	3.73
T_2	3.06	3.36
T_3	2.86	3.25
T_4	3.26	3.64
T_5	2.86	3.29
T_6	2.94	3.33
T_7	2.70	3.02
T_8	4.73	5.02
SEm ±	0.65	0.64
CD at 5%	0.22	0.21
CV %	11.46	10.17

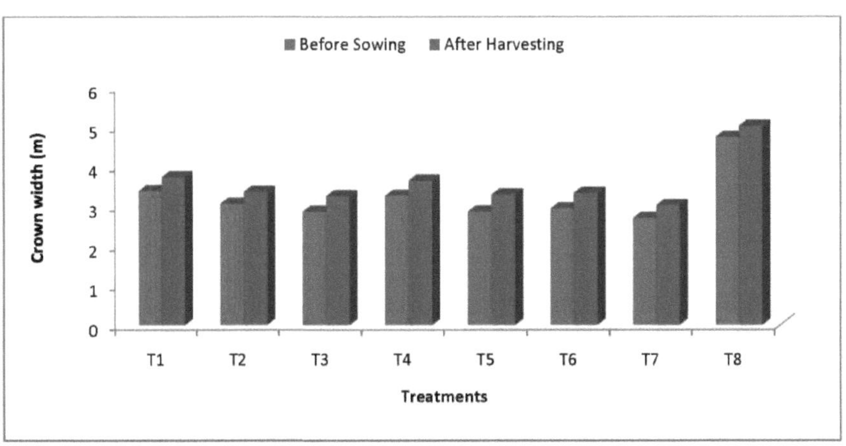

Figura 4.4 Largura da copa de diferentes parcelas de choupo durante a época de colheita, 2014
4.1.5Volume do caule   e percentagem de incremento das plantas de choupo

Os dados relativos ao volume do caule e à percentagem de incremento obtidos por diferentes plantas de choupo durante a época de colheita de 2014 com soja são apresentados no Quadro 4.5, na Figura 4.5 e no Apêndice VI. Os dados mostraram variações estatisticamente significativas no volume e na porcentagem de incremento das plantas de álamo entre as

41

diferentes variedades de plantio de álamo.

Quadro 4.5 Volume do caule e incremento de volume de diferentes parcelas de plantação de choupo durante a época de colheita, 2014

Treatments	Stem Volume (m³) Before sowing soybean crop	Stem Volume (m³) After harvesting soybean crop	Volume Increment %
T_1	0.0088	0.0098	11.36
T_2	0.0087	0.0097	11.49
T_3	0.0087	0.0096	10.34
T_4	0.0095	0.0107	12.63
T_5	0.0077	0.0083	7.79
T_6	0.0081	0.0088	8.64
T_7	0.0078	0.0084	7.69
T_8	0.0107	0.0123	14.95
SEm ±	0.0002	0.0004	0.73
CD at 5%	0.0008	0.0012	2.25
CV %	5.6471	7.5643	12.29

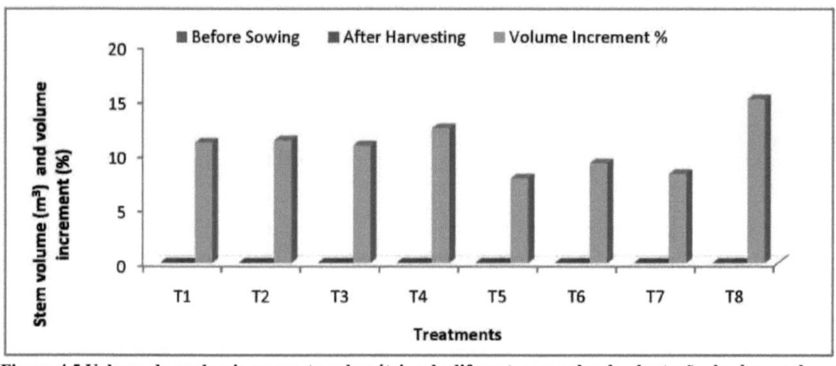

Figura 4.5 Volume do caule e incremento volumétrico de diferentes parcelas de plantação de choupo durante a época de colheita, 2014

O volume máximo de caule (0,0107 m3) na semeadura da soja foi observado no material de plantio cultivado a partir da muda (T8) e o volume mínimo de caule (0,0077 m3) no tratamento T5. Na colheita da soja, os dados sobre o volume do caule de diferentes plantas de choupo revelaram que o material de plantio criado pelo tratamento T8 obteve o aumento máximo do volume do caule (14,95%), seguido pelo T4 (12,63%), enquanto o mínimo (7,79%) foi registado no tratamento T7. Parâmetros de crescimento da soja cultivada sob diferentes plantas de choupo

4.2.1 Contagem da germinação

Os resultados relativos à germinação da soja são apresentados na Tabela 4.6, na Figura 4.6 e no Apêndice VII. Como revelado nos resultados, a contagem de germinação da soja foi maior (36,7 por m^2) em condições abertas (controlo) em comparação com a cultura cultivada sob plantas de choupo (T1 a T8) cuja média foi de 34,9 por m^2 e a redução foi de 5,15%. Na cultura da soja cultivada sob diferentes plantas de choupo (T1 a T8), a contagem de germinação foi mais elevada (36,3 por m^2) no tratamento T2, seguido do T7 (35,7 por m^2), enquanto que a contagem mínima de germinação (33,7 por m^2) foi registada no tratamento T1. No entanto, a variação na contagem de germinação foi considerada não significativa, provavelmente devido à falta de humidade entre as sementes de soja e o sistema radicular das plantas de choupo.

Quadro 4.6 Contagens de germinação da soja em diferentes parcelas de choupo

Treatments	Germination count of soybean no. per m^2
T_1	33.7
T_2	36.3
T_3	34.7
T_4	34.0
T_5	34.3
T_6	35.0
T_7	35.7
T_8	35.3
T_1-T_8 (mean)	34.9
Open (control)	36.7
SEm ±	1.36
CD at 5%	NS
CV %	7.47

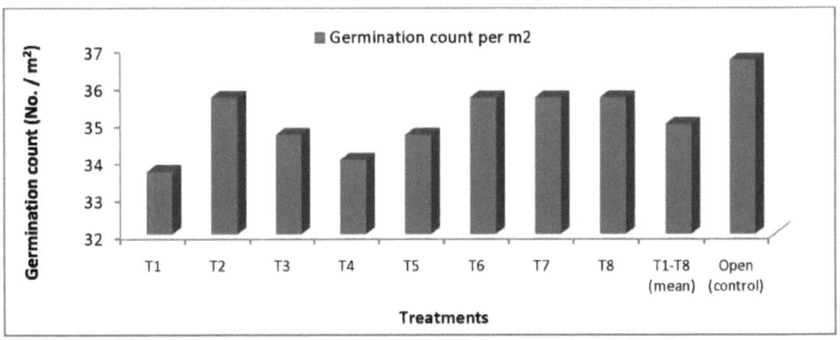

Figura 4.6 Contagens de germinação da soja sob diferentes parcelas de choupo

4.2.2 Altura da planta

Os dados relativos à altura da planta da soja registados em várias fases de crescimento da cultura (30, 60, 90 DAS) cultivada sob diferentes plantas de choupo são apresentados no

Quadro 4.7, na Figura 4.7 e no Apêndice VIII.

Os dados mostraram que o crescimento em altura da planta da cultura da soja aos 30 DAS foi maior (40,60 cm) no tratamento T3, seguido pelo T5 (38,93 cm) e menor (36,53 cm) no tratamento T7. As variações entre todos os tratamentos, incluindo o controlo, foram consideradas insignificantes. Isto deveu-se à ausência de competição por nutrientes, luz e humidade durante a fase inicial de crescimento da planta entre a cultura da soja e as plantas de choupo.

Aos 60 DAS, o crescimento em altura da soja foi inferior (4,43%) sob plantas de choupo do que na condição aberta (controlo). No entanto, o crescimento em altura das plantas de soja cultivadas sob diferentes tipos de plantio de choupo foi máximo (63,60 cm) no tratamento T8, seguido pelo T6 (62,80 cm), enquanto o crescimento em altura mínimo (59,20 cm) foi alcançado no tratamento T3. Neste caso, as variações no crescimento em altura da cultura de soja cultivada sob choupo, bem como sob condições de controlo, foram insignificantes.

Aos 90 DAS, o crescimento em altura da cultura de soja cultivada sob choupo foi inferior em 4,07% ao da condição aberta (controlo), ou seja, sistema de cultivo aberto. A cultura da soja cultivada sob diferentes tipos de plantação de choupo, a altura máxima da planta (74,33 cm) foi observada em T2 seguido de T6 (74,07 cm), enquanto que o mínimo (70,80 cm) foi observado no tratamento T3.

No presente estudo, a altura da planta da cultura da soja não foi significativamente afetada pelas diferentes plantas de choupo em todas as fases de crescimento. No entanto, foram observadas plantas mais altas nas condições de controlo, ou seja, em sistema de cultivo aberto. Singh e Pathak (1993), Kohli et al. (1996), Mishra (2002) e Patil et al. (2011) registaram uma redução da altura das plantas de soja sob choupos, em comparação com o sistema de cultivo aberto.

Treatments	Plant height (cm) of soybean		
	30 DAS	60 DAS	90 DAS
T_1	38.20	60.30	70.83
T_2	38.10	60.00	74.33
T_3	40.60	59.20	70.80
T_4	38.63	61.62	72.23
T_5	38.93	62.20	73.07
T_6	37.80	62.80	74.07
T_7	36.53	61.93	72.00
T_8	38.77	63.60	73.53
T_1-T_8 (mean)	37.88	61.06	72.61
Open (control)	40.21	63.77	75.57
SEm ±	1.49	1.70	2.29
CD at 5%	NS	NS	NS
CV %	6.80	4.80	5.44

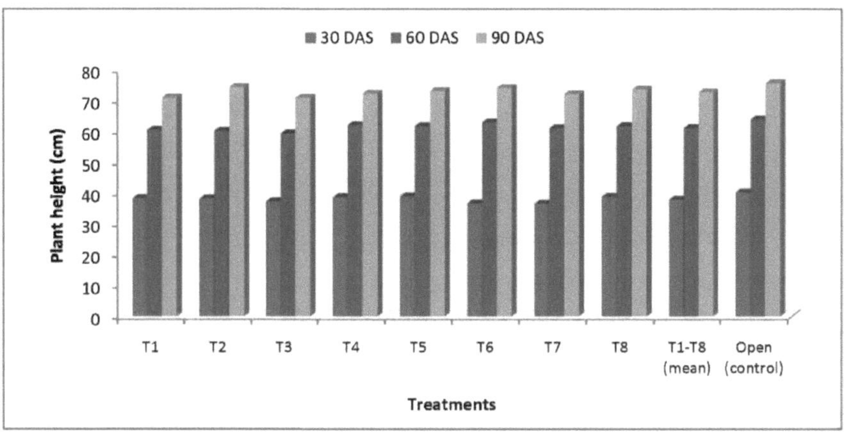

Figura 4.7 Altura da planta de soja sob diferentes plantas de choupo

4.2.   3A acumulação de matéria seca

Os dados relativos ao acúmulo de matéria seca da soja em vários estágios de crescimento da cultura (30, 60, 90 DAS e na colheita) sob diferentes estoques de plantio de álamo são apresentados na Tabela 4.8, Figura 4.8 e Apêndice IX.

Aos 30 DAS de crescimento da cultura, a altura da planta de soja foi significativamente afetada pelas plantas de choupo. A acumulação de matéria seca da cultura de soja cultivada sob diferentes plantações de choupo foi inferior em comparação com a condição aberta (controlada). Entre os tratamentos T1 a T8, a acumulação máxima de matéria seca (2,27 g por planta) da cultura da soja foi registada no tratamento T5, seguida do T1 (1,92 g por planta) e do mínimo (1,10 g por planta) no tratamento T3.

Aos 60 DAS de crescimento da cultura, a acumulação de matéria seca da planta de soja foi inferior em 17,3% sob plantas de choupo em comparação com a condição aberta (controlo). Sob diferentes tipos de plantio de álamo, o acúmulo máximo de matéria seca (17,38 g por planta) da cultura da soja foi encontrado no tratamento T5, seguido pelo T1 (16,05 g por planta) e o mínimo (15,45 g por planta) foi observado no tratamento T7. As variações na acumulação de matéria seca da cultura da soja sob diferentes tipos de plantação de choupo e em condições abertas foram consideradas insignificantes.Aos 90 DAS de crescimento da cultura, a acumulação de matéria seca da soja foi menor no sistema agroflorestal à base de choupo, em comparação com o sistema de agricultura aberta. Entre as culturas de soja cultivadas sob diferentes tipos de plantio de álamo, o acúmulo máximo de matéria seca (43,00 g por planta) foi encontrado no tratamento T5, seguido pelo T1 (42,92 g por planta), enquanto o acúmulo mínimo de matéria seca (38,37 g por planta) foi observado no tratamento T3. Os valores relativos à acumulação de matéria seca da cultura da soja cultivada sob diferentes tipos de plantação de choupo e em sistema de cultivo aberto diferiram significativamente.

Na altura da colheita, a acumulação de matéria seca da cultura da soja cultivada sob plantas de choupo foi inferior à da cultura cultivada em sistema de cultivo aberto. Entre a cultura da soja cultivada sob diferentes plantas de choupo, a acumulação máxima de matéria seca da planta (53,07 g por planta) foi encontrada no tratamento T1, seguida do T2 (51,62 g por planta) e do mínimo (47,85 g por planta) no tratamento T3. Foram observadas variações significativas entre todos os tratamentos, incluindo o controlo.

Quadro 4.8 Acumulação de matéria seca da cultura da soja cultivada sob diferentes plantações de choupo

Treatments	Dry weight of soybean per plant (g)			
	30 DAS	60 DAS	90 DAS	At harvest
T_1	1.92	16.05	42.92	53.07
T_2	1.71	15.90	41.65	51.62
T_3	1.10	16.02	38.37	47.85
T_4	1.63	15.55	39.18	48.05
T_5	2.27	17.38	43.00	51.13
T_6	1.74	15.65	41.85	49.38
T_7	1.32	15.45	39.01	48.11
T_8	1.62	15.67	40.21	48.63
T_1-T_8 (mean)	1.67	15.96	40.77	49.73
Open (control)	2.41	19.25	44.33	54.52
SEm ±	0.11	0.97	0.88	2.18
CD at 5%	**0.32**	NS	**2.61**	**2.74**
CV %	10.60	10.24	3.66	6.94

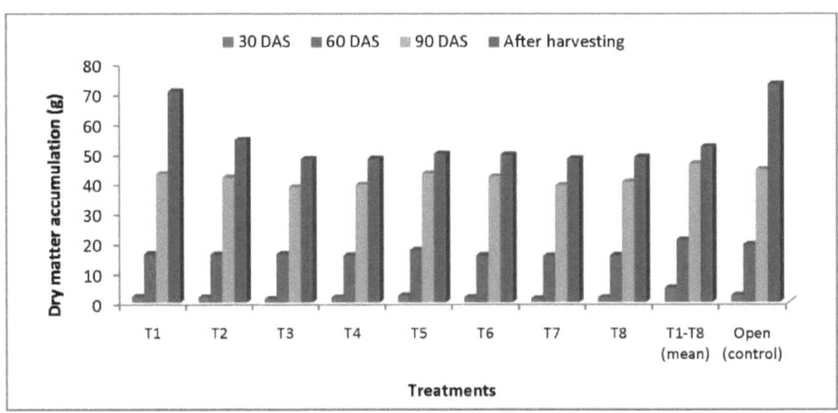

Figura 4.8 Acumulação de matéria seca da soja cultivada sob diferentes plantas de choupo

4.2.3 Índice de área foliar

Os dados relativos ao índice de área foliar da soja em vários estágios de crescimento da cultura (30, 45 e 60 dias) cultivada sob diferentes estoques de plantio de álamo e sob sistemas de cultivo abertos (controle) são apresentados na Tabela 4.9, Figura 4.9 e Apêndice X. Os dados de 30, 45 e 60 DAS da cultura mostraram que não houve variações significativas em relação ao índice de área foliar da cultura de soja cultivada sob diferentes estoques de plantio de álamo e também em sistema de cultivo aberto. No entanto, aos 30 DAS o índice de área foliar da soja cultivada sob plantas de choupo foi ligeiramente inferior ao da cultura cultivada em sistema de cultivo aberto (controlo). Resultados semelhantes foram observados aos 45 e 60 DAS.

No caso de 30 DAS, a cultura da soja cultivada sob diferentes estoques de plantio de álamo, o índice de área foliar máximo (0,88) foi encontrado no tratamento T5, seguido por T7 (0,87) e mínimo (0,75) no tratamento T3. Quando os dados de 45 DAS foram observados, o índice de área foliar máximo (2,12) foi encontrado na cultura cultivada sob o tratamento T5 seguido por T4 (2,11), enquanto o valor mínimo (1,82) foi encontrado sob o tratamento T2.

47

Quadro 4.9 Índice de área foliar da soja em vários estádios de crescimento, sob diferentes plantas de choupo

Treatments	LAI of soybean plant		
	30 DAS	45 DAS	60 DAS
T_1	0.77	1.88	4.16
T_2	0.77	1.82	4.50
T_3	0.75	1.98	4.34
T_4	0.85	2.11	4.39
T_5	0.88	2.12	4.34
T_6	0.86	1.96	4.66
T_7	0.87	2.09	4.23
T_8	0.81	1.97	4.78
T_1-T_8 (mean)	0.82	1.99	4.43
Open (control)	0.97	2.15	4.84
SEm ±	0.13	0.13	0.37
CD at 5%	NS	NS	NS
CV %	22.43	22.43	12.27

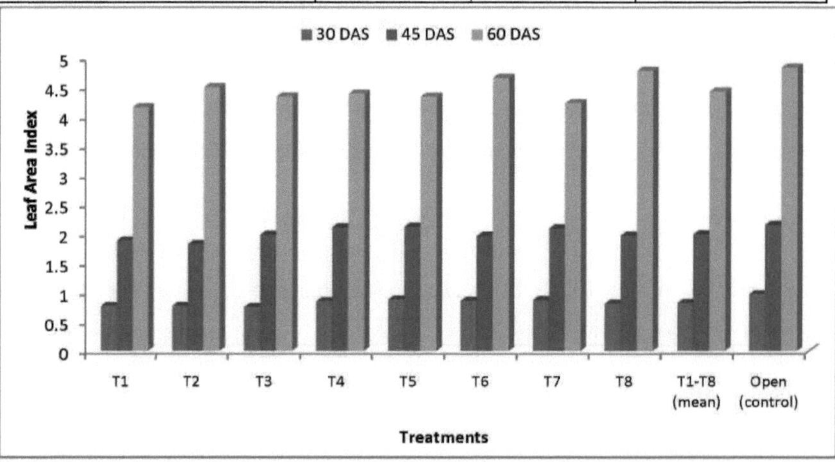

Figura 4.9 Índice de área foliar da soja em vários estádios de crescimento, sob diferentes plantas de choupo

Aos 60 dias de crescimento da cultura, o índice de área foliar da planta de soja foi menor quando foi cultivada sob plantas de choupo do que quando cultivada em sistema de cultivo aberto. No entanto, o índice de área foliar máximo (4,78) da planta de soja foi registado no tratamento T8, seguido do T6 (4,66) e do mínimo (4,16) no tratamento T1.

4.3 Atributos de rendimento

4.3.1 Número de vagens por planta

Os resultados relativos às vagens por planta de soja na colheita são apresentados na Tabela 4.10, na Figura 4.10 e no Apêndice XI. Os resultados mostraram que o número de vagens por planta foi maior (133,02 por planta) quando a cultura da soja foi cultivada em sistema de cultivo aberto, em comparação com (117,83 por planta) com a cultura cultivada sob diferentes estoques de plantio de álamo e mostrou uma redução de 12,89%. Entre os tratamentos T1 e T2, observou-se o maior número de vagens por planta de soja (130,55 por planta) no tratamento T7, seguido pelo T5 (130,33 por planta) e o menor no tratamento T3 (106,00 por planta). A diferença foi considerada não significativa em ambas as condições.

Quadro 4.10 Atributos de rendimento da soja em diferentes parcelas de choupo e em condições abertas (controlo)

Treatments	No. of pod per plant	Pod length (cm)	Grain per pod	100 grain weight (g)
T_1	106.55	2.82	2.08	9.64
T_2	106.44	2.69	2.03	9.07
T_3	106.00	2.65	2.00	8.02
T_4	125.00	2.98	2.10	9.22
T_5	130.33	3.02	2.30	9.61
T_6	125.11	3.01	2.12	8.67
T_7	130.55	3.07	2.33	9.77
T_8	112.66	2.93	2.09	9.09
T_1-T_8 (mean)	117.83	2.90	2.13	9.13
Open (control)	133.02	3.11	2.42	9.83
SEm ±	10.23	0.15	0.14	0.51
CD at 5%	NS	NS	NS	NS
CV %	14.83	9.36	11.65	9.70

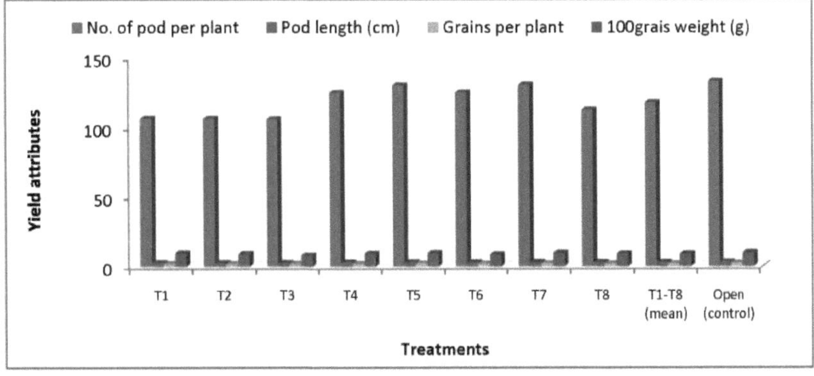

Figura 4.10 Atributos de rendimento da soja em diferentes parcelas de choupo e em condições abertas (controlo)

1.1.2 Comprimento da vagem (cm)

Os resultados registados para o comprimento das vagens na colheita são apresentados no quadro 4.10, na figura 4.10 e no apêndice XI. Como mencionado nos dados, o comprimento das vagens da cultura da soja cultivada sob diferentes tipos de plantação de choupo e também sob condições controladas expressou variações não significativas. O comprimento das vagens foi mais elevado (3,11 cm) no sistema de cultivo em campo aberto do que (2,90 cm) na cultura cultivada com diferentes plantas de choupo. No entanto, o comprimento das vagens da cultura cultivada com choupo foi máximo (3,07 cm) no tratamento T7, seguido do T5 (3,02 cm), enquanto o mínimo (2,65 cm) foi registado no tratamento T3.

4.3.3 Número de grãos por vagem

Os resultados relativos ao número de grãos por vagem na colheita são apresentados na Tabela 4.10, na Figura 4.10 e no Apêndice XI. As variações observadas não foram significativas. No entanto, na cultura cultivada em sistema de cultivo aberto (controlo), o número de grãos por vagem (2,42) foi superior ao da cultura cultivada sob plantas de choupo, em que foi de 2,13 por vagem. Entre a cultura de soja cultivada sob diferentes tipos de plantação de choupo, o número máximo de grãos por vagem (2,33) foi observado em T7, seguido de T5 (2,30) e o número mínimo de grãos (2,00) por vagem foi registado no tratamento T3.

4.3.4 100 Peso dos grãos (Peso de ensaio)

Os resultados relativos ao peso de 100 grãos são apresentados na Tabela 4.10, na Figura 4.10 e no Apêndice XI. Os resultados mostrados na tabela revelam que o peso de 100 grãos da cultura de soja cultivada em sistema de cultivo aberto foi registado mais alto (9,83 g) do que a cultura cultivada sob plantas de choupo, em que o peso médio de 100 grãos foi de 9,13 g. Entre os tratamentos T1 a T8, o peso máximo de 100 grãos (9,77 g) foi registado no tratamento T7, seguido do T1 (9,64 g), enquanto o mínimo (8,02 g) foi registado no tratamento T3. No entanto, as variações relativas ao peso de 100 grãos em todos os tratamentos, incluindo o controlo, foram insignificantes.

No presente estudo, as vagens por planta, o comprimento das vagens, o grão por vagem e o peso de 100 grãos da cultura de soja cultivada em diferentes sistemas de plantação de choupo e em sistema de agricultura aberta diferiram de forma não significativa. Em geral, o peso de 100 grãos da cultura de soja cultivada em sistema de cultivo aberto foi ligeiramente mais elevado do que o da cultura cultivada em diferentes tipos de choupo, devido ao efeito adverso dos galpões das plantas de choupo no crescimento da soja e a uma certa competição por água e nutrientes.

Tais reduções nos atributos de rendimento de várias culturas agrícolas sob o sistema agroflorestal foram relatadas por vários trabalhadores Lakshmamma e Subba Rao (1996), Nagagouda et al. (1996), Kumar (1999), Nuberg e Mylins (2002) e Chauhan et al. (2013).

4.4 Rendimento e índice de colheita

4.4.1 Rendimento de grãos

Os resultados relativos ao rendimento de grãos são apresentados no Quadro 4.11, na Figura 4.11 e no Apêndice XII. Os resultados do rendimento de grãos da cultura de soja cultivada sob diferentes estoques de plantio de álamo e sistemas de cultivo aberto mostraram variações não significativas e variaram de 20,39 q ha^{-1} a 22,79 q ha^{-1} . O rendimento máximo de grãos (22,79 q ha^{-1}) foi registado no tratamento T8, seguido do T7 (22,68 q ha^{-1}), enquanto que o mínimo (20,39 q ha^{-1}) foi registado no tratamento T1.

A cultura da soja cultivada em diferentes plantações de choupo registou um rendimento de grãos inferior em 9,72% em comparação com a cultura cultivada em sistema de agricultura aberta. O rendimento de grãos mais elevado (24,03 q ha^{-1}) da cultura da soja foi obtido em sistema de cultivo aberto, em comparação com 21,90 q ha^{1} da cultura cultivada sob choupo. Este efeito deveu-se provavelmente a uma ligeira redução da luz solar no solo e ao efeito alelopático das diferentes plantas de choupo no crescimento e no rendimento de grãos da soja.

4.4.2 Rendimento em palha

Os dados apresentados no Quadro 4.11, na Figura 4.11 e no Apêndice XII mostram que houve variações insignificantes no rendimento de palha da cultura de soja cultivada sob diferentes plantas de choupo e sistemas de cultivo abertos. A variação no rendimento de palha foi observada na faixa de 32,09 a 37,43 q ha^{-1} na cultura de soja cultivada sob diferentes estoques de plantio de álamo. No entanto, o rendimento máximo de palha (37,43 q ha^{-1}) foi registado no tratamento T1 seguido do T7 (35,70 q ha^{-1}), enquanto que o mínimo (32,09 q ha^{-1}) foi registado no tratamento T8. No total, o rendimento máximo de palha (35,89 q ha^{-1}) foi observado na cultura cultivada em sistema de agricultura aberta. Estas ligeiras variações no rendimento da palha podem dever-se a alguma competição por nutrientes, luz solar e humidade entre as plantas de choupo de crescimento rápido e a cultura da soja.

4.4.   3Rendimento biológico

Os dados analisados para o rendimento biológico são apresentados na Tabela 4.11, na Figura 4.11 e no Apêndice XII. A observação dos dados revelou que as variações no rendimento biológico da cultura da soja cultivada sob diferentes plantas de choupo e sistemas agrícolas abertos foram consideradas insignificantes. No entanto, o rendimento registado sob plantas de choupo foi ligeiramente inferior (7,24%) em comparação com o rendimento obtido em condições abertas (controlo). O rendimento biológico da cultura da soja cultivada em diferentes tipos de plantação de choupo variou entre 58,37 e 53,59 q ha^{-1}. Entre os tratamentos T1 e T8, o rendimento máximo (58,37 q ha^{-1}) foi observado no tratamento T7, seguido do tratamento T1 (57,83 q ha^{-1}), enquanto o mínimo (53,69 q ha^{-1}) foi observado no tratamento T6. Em todos os tratamentos, incluindo o controlo, o rendimento biológico mais elevado (59,92 q ha^{-1}) foi observado no sistema de cultivo aberto

A ligeira diferença no rendimento biológico da soja em diferentes plantações de choupo e também em condições de controlo pode dever-se à competição pela luz, humidade e nutrientes entre as plantas de choupo de crescimento rápido e a cultura da soja.

Quadro 4.11 Atributos de rendimento e índice de colheita da soja sob diferentes plantações de choupo

Treatments	Grain yield (q ha^{-1})	Straw yield (q ha^{-1})	Biological yield(q ha^{-1})	Harvest index (%)
T$_1$	20.39	37.43	57.83	35.27
T$_2$	22.31	33.40	55.71	40.05
T$_3$	21.90	32.85	54.75	39.99
T$_4$	21.26	33.99	55.24	38.48
T$_5$	22.63	33.88	56.51	40.05
T$_6$	21.23	32.46	53.69	39.54
T$_7$	22.68	35.70	58.37	38.85
T$_8$	22.79	32.09	54.88	41.52
T$_1$-T$_8$ (mean)	21.90	33.98	55.87	39.22
Open (control)	24.03	35.89	59.92	40.10
SEm ±	0.70	1.80	2.07	1.30
CD at 5%	NS	NS	NS	NS
CV %	5.54	9.15	6.38	5.75

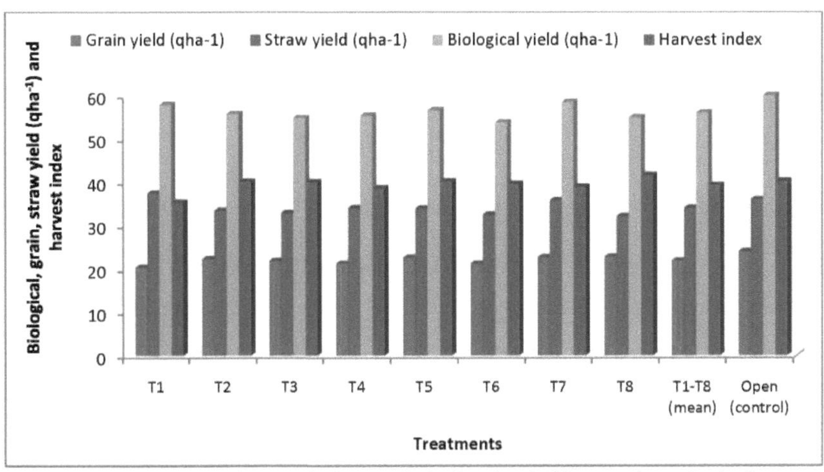

Figura 4.11 Atributos de rendimento e índice de colheita da soja sob diferentes plantações de choupo

4.4. 4Índice de colheita

Os dados apresentados na Tabela 4.11, na Figura 4.11 e no Apêndice XII mostraram que o índice de colheita máximo foi obtido na cultura da soja cultivada em sistema de cultivo aberto (controlo). A redução de 2,24% no índice de colheita foi observada na cultura cultivada sob diferentes estoques de plantio de álamo em comparação com a condição aberta (controle). Entre os tratamentos T1 e T8, o índice de colheita máximo (41,52%) foi observado no tratamento T8, seguido pelo T5 (40,05%) e o mínimo (35,27%) foi observado no tratamento T1.

No presente estudo, observou-se que houve uma redução no rendimento de grãos, rendimento de palha, rendimentos biológicos e índice de colheita da cultura de soja cultivada sob diferentes plantações de choupo em 9,71%, 5,62%, 7,24% e 2,24%, respetivamente, em comparação com a cultura cultivada em condições abertas (controlo). Estes resultados estão em conformidade com Alka et al. (2006), que registaram uma redução de 10,1 a 33,3 por cento no rendimento de grãos de soja em plantações de choupo com dois anos de idade, em comparação com o controlo (condição aberta). O rendimento de grãos da soja depende da fase reprodutiva, da área da superfície fotossintética e da capacidade de armazenamento reprodutivo ou do desenvolvimento do tamanho do sumidouro económico. Uma análise das variações exibidas pelo

As condições de crescimento revelaram que o rendimento da soja foi máximo no sistema de cultivo aberto. O rendimento de grãos, o rendimento de palha e o rendimento biológico mostraram uma magnitude de redução no sistema agroflorestal. Resultados semelhantes também foram relatados por Shrinivasan et al. (1990), Karim et al. (1991), Pandey (2011) e Chauhan et al. (2012).

4.5 Propriedades do solo influenciadas pelo sistema de cultivo intercalar choupo-soja

As propriedades do solo, nomeadamente o pH, a condutividade eléctrica (CE), o carbono orgânico, o azoto disponível, o fósforo e o potássio, são parâmetros importantes da fertilidade do solo que afectam o crescimento e o rendimento das culturas e a produção global. Os solos foram avaliados relativamente a estes parâmetros e os resultados são apresentados. Para estudar o cenário geral das propriedades do solo no sistema agroflorestal, foram analisadas amostras de solo a diferentes profundidades (0-30 cm) para estudar as alterações nas propriedades do solo sob a influência das árvores e das culturas cultivadas entre elas. Os resultados, sob a forma de dados relativos a diferentes parâmetros do solo, foram apresentados e discutidos para se chegar à conclusão do presente estudo.

4.5.1 pH do solo

Os dados relativos ao pH do solo são apresentados na Tabela 4.12, na Figura 4.12 e no Apêndice XIII. Os dados apresentados na tabela mostram que o pH do solo antes da semeadura da cultura da soja estava na faixa de 7,76 a 7,95 em todos os tratamentos, incluindo o controle.

No sistema de cultivo aberto (controlo), o pH do solo foi mais elevado em comparação com o sistema de cultura intercalar de choupo e soja. A diferença foi observada de forma estatisticamente significativa. No entanto, o pH do solo entre os tratamentos T1 a T8 variou de 7,73 a 7,84.

Após a colheita da cultura da soja, o pH do solo situou-se entre 7,62 e 7,86 em todos os tratamentos, incluindo o controlo. No sistema de cultivo aberto (controle), o pH do solo foi observado mais alto em comparação com a área de sombra onde o álamo e a soja foram cultivados como sistema de consórcio. O pH do solo entre os tratamentos T1 a T8 variou de 7,56 a 7,67 e as diferenças foram significativas a uma profundidade de solo de 0-30 cm.

Quadro 4.12 Efeito do sistema de culturas intercalares de choupo e soja no pH do solo

Treatments	Soil pH	
	Before sowing soybean	After harvesting soybean
T_1	7.84	**7.61**
T_2	7.76	**7.66**
T_3	7.73	**7.66**
T_4	7.79	**7.67**
T_5	7.75	**7.56**
T_6	7.77	**7.62**
T_7	7.74	**7.59**
T_8	7.74	**7.63**
T_1-T_8 (mean)	7.76	7.62
Open (control)	7.95	7.86
SEm ±	0.03	0. 02
CD at 5%	0.10	0.08
CV %	0.75	0.63

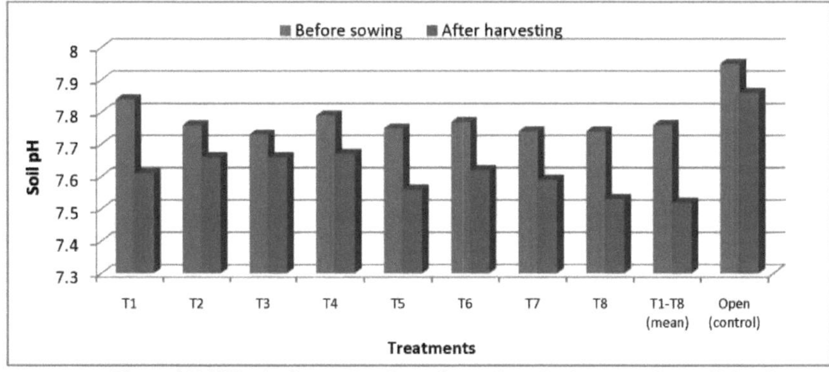

Figura 4.12 Efeito do sistema de culturas intercalares de choupo e soja no pH do solo

O valor médio do pH do solo 7,76, conforme apresentado no Quadro 4.12, na cultura intercalar choupo-soja, diminuiu para 7,62 à medida que a idade da cultura avançava. A diminuição do pH do solo no sistema de culturas intercalares pode dever-se à produção de ácidos orgânicos a partir da decomposição da folhada, sob o efeito conjunto de variáveis climáticas (radiação solar, temperatura, humidade relativa e precipitação), pelo que a lixiviação de substâncias ocorreu do horizonte superior para o horizonte inferior Imayavaramban et al. (2001), Kumar et al. (2008). No sistema de cultivo aberto (controlo), o valor inicial do pH do solo era de 7,95 e diminuiu para 7,86, o que também mostrou uma tendência semelhante à observada no sistema de culturas intercalares choupo-soja.

4.5.   2Condutividade eléctrica do solo

Os dados analisados relativos à CE do solo são apresentados na Tabela 4.13, na Figura 4.13 e no Apêndice XIII. Foram registadas poucas variações na CE do solo entre todos os tratamentos. Entre os tratamentos T1 a T8, a CE do solo foi observada na faixa de 0,37dSm^{-1} a 0,39 dSm^{-1} até 0-30 cm de profundidade do solo. A CE máxima de 0,39 dSm^{-1} foi registada nos tratamentos T1, T3 e T8, seguida de 0,38 dSm^{-1} nos tratamentos T4, T5 e T7 e observou-se um mínimo de 0,37 dSm^{-1} nos tratamentos T2 e T6.

Após a colheita da soja, a CE do solo diminuiu de 0,34 dSm^{-1} para 0,32 dSm^{-1} no sistema de cultivo aberto (controlo) e de 0,38 dSm^{-1} para 0,34 dSm^{-1} na cultura intercalar de choupo-soja. A CE máxima do solo 0,37 dSm^{-1} foi registada em T5, seguida (0,36dSm^{-1}) por T6 e a CE mínima do solo 0,32 dSm^{-1} foi observada nos tratamentos T3 e T8. As variações na CE do solo foram insignificantes, no entanto, em geral, foi registada uma CE do solo ligeiramente inferior após a colheita da cultura da soja, em comparação com antes da sementeira da cultura em todos os tratamentos. A ligeira diminuição da CE do solo pode ser atribuída à produção de ácidos orgânicos a partir da decomposição da cama, sob o efeito conjunto de variáveis climáticas (radiação solar, temperatura, humidade relativa, precipitação e velocidade do vento), pelo que a lixiviação de substâncias ocorreu do horizonte superior para o horizonte inferior - Malik et al. (1996), Mayavaramban et al. (2001) e Newaj et al. (2005).

4.5. 3Carvão orgânico do solo (SOC)

Os dados relativos à percentagem de carbono orgânico do solo são apresentados no Quadro 4.14, na Figura 4.14 e no Apêndice XIII. As ligeiras variações registadas na percentagem de SOC em todos os tratamentos, incluindo o controlo, foram consideradas insignificantes. A percentagem média de SOC antes da sementeira da soja em diferentes plantações de choupo foi de 0,99%, ao passo que na condição de controlo foi de 0,90%. O SOC entre as diferentes variedades de choupo foi observado de 0,96% a 1,04%, o SOC máximo de 1,04% foi observado no tratamento T5 seguido (1,01%) pelo T6 e o SOC mínimo (0,96%) foi observado no tratamento T8.

Treatments	Soil EC (dSm^{-1})	
	Before sowing soybean	After harvesting soybean
T$_1$	0.39	0.34
T$_2$	0.37	0.35
T$_3$	0.39	0.32
T$_4$	0.38	0.34
T$_5$	0.38	0.37
T$_6$	0.37	0.36
T$_7$	0.38	0.35
T$_8$	0.39	0.32
T$_1$-T$_8$ (mean)	0.38	0.34
Open (control)	0.34	0.32
SEm ±	0.049	0.33
CD at 5%	NS	NS
CV %	22.23	16.00

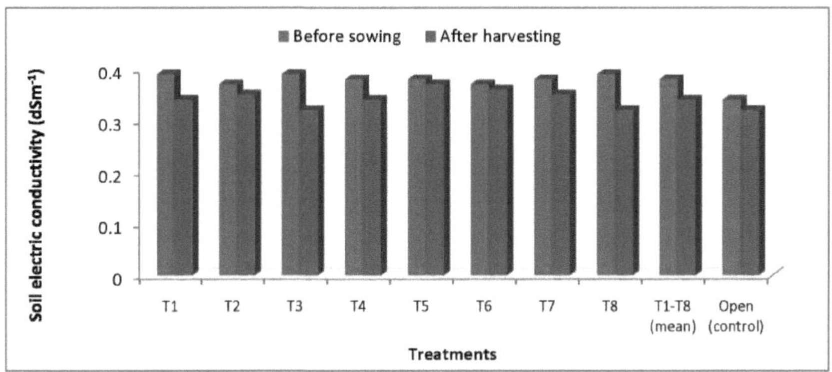

Figura 4.13 Influência da cultura intercalar de choupo e soja na condutividade eléctrica do solo (CE)

A porcentagem média de SOC após a colheita da soja sob diferentes estoques de plantio de choupo e soja em consórcio foi observada em 1,04%, enquanto 0,94% foi observado em sistema de agricultura aberta. A porcentagem de SOC sob diferentes tipos de plantio de choupo e soja foi observada na faixa de 0,98% a 1,10%. O SOC máximo de 1,10% foi observado no tratamento T5, seguido pelo T1 (1,07%) e o mínimo (0,98%) no tratamento T3. Observou-se que houve um aumento geral na porcentagem de SOC após a colheita da soja em comparação com o estágio inicial, ou seja, antes da semeadura da cultura. Em geral, as árvores têm células lignificadas em suas partes do corpo, como serapilheira, casca, pequenos galhos e raízes, o que leva à estabilização bioquímica do carbono orgânico no solo. Consequentemente, levou à melhoria do estado do carbono orgânico do solo no sistema agroflorestal em comparação com o sistema agrícola aberto (controlo). Resultados semelhantes foram registados por Gupta et al. (2009) e Baum et al. (2013).

Quadro 4.14 Influência de diferentes parcelas de plantação de choupo e soja na percentagem de carbono orgânico do solo (SOC)

Treatments	SOC percent	
	Before sowing soybean	After harvesting soybean
T_1	0.99	1.07
T_2	0.98	1.03
T_3	0.96	0.98
T_4	0.99	0.99
T_5	1.04	1.10
T_6	1.01	1.06
T_7	0.96	1.01
T_8	0.98	1.06
T_1-T_8 (mean)	0.99	1.04
Open (control)	0.90	0.94
SEm ±	0.017	0.20
CD at 5%	NS	NS
CV %	3.04	3.39

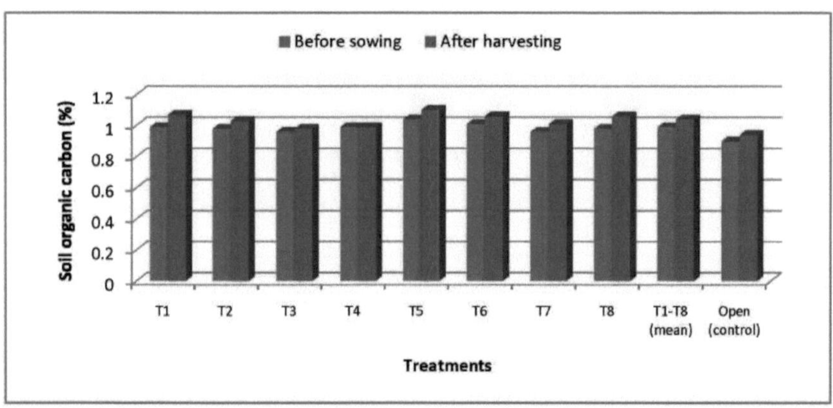

Figura 4.14 Influência de diferentes quantidades de choupo e soja na percentagem de carbono orgânico do solo (SOC)

4.5.4 Azoto disponível no solo (N)

Os dados sobre o azoto disponível no solo (kg ha^{-1}) são apresentados no quadro 4.15, na figura 4.15 e na figura 4.15.

Apêndice XIII. Azoto disponível no solo antes da sementeira da soja até 0-30 cm

A profundidade do solo foi observada 232,48 kg ha^{-1} no sistema de culturas intercalares choupo-soja e 226,28 kg ha^{-1} no sistema de cultivo aberto (controlo). As variações relativas ao azoto disponível no solo em todos os tratamentos, incluindo o controlo, foram consideradas estatisticamente insignificantes. O azoto disponível no solo nos tratamentos T1 a T8 foi registado no intervalo de 227,71 kg ha^{-1} a 237,25 kg ha$^-$ 1. O máximo de azoto disponível no solo, 237,25 kg ha^{-1} , foi observado no tratamento T8, seguido de 235,82 kg ha$^{-1)}$ pelo tratamento T3, e o mínimo (227,71 kg ha$^-$ 1) de azoto disponível no solo foi observado no tratamento T1.

Quadro 4.15 Influência do sistema de culturas intercalares de choupo e soja no azoto disponível no solo

Treatments	Available Soil Nitrogen (kg ha^{-1})	
	Before sowing soybean	After harvesting soybean
T$_1$	227.71	257.15
T$_2$	233.15	244.56
T$_3$	235.82	249.56
T$_4$	233.96	252.13
T$_5$	230.14	243.66
T$_6$	231.21	243.77
T$_7$	230.57	259.24
T$_8$	237.25	263.01
T$_1$-T$_8$ (mean)	232.48	251.64
Open (control)	226.28	236.76
SEm ±	2.95	10.09
CD at 5%	NS	NS
CV %	2.20	6.99

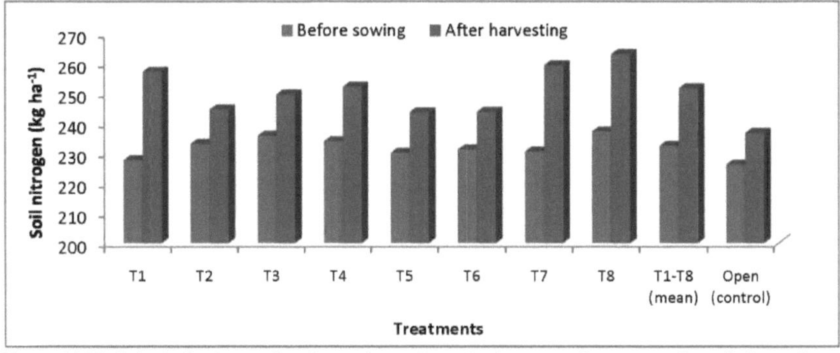

Figura 4.15 Influência do sistema de culturas intercalares de choupo e soja no azoto disponível no solo

O azoto disponível no solo após a colheita da soja até 0-30 cm de profundidade foi de 251,64 kg ha^{-1} no sistema de cultura intercalar choupo-soja e 236,76 kg ha^{-1} no sistema de cultivo aberto (controlo). Também neste caso, as variações entre o sistema de cultura intercalar choupo-soja e a condição de controlo foram insignificantes. O nitrogênio disponível no solo sob diferentes tipos de plantio de culturas intercalares de álamo e soja foi observado na faixa de 243,66 kg ha^{-1} a 263,01 kg ha$^-$ 1. O máximo de nitrogênio disponível no solo, 263,01 kg ha^{-1} , foi observado no tratamento T8, seguido pelo T7 (259,24 kg ha^{-1}) e o mínimo (243,66 kg ha^{-1}) foi observado no tratamento T5.

A observação dos dados apresentados revelou que houve um aumento geral do azoto disponível no solo após a colheita da cultura da soja, em comparação com o estado anterior à sementeira da cultura em todos os tratamentos, incluindo a testemunha. Isto indicou o impacto da queda de folhagem da cultura do choupo e da soja, que aumentou o nível de azoto através da decomposição da folhagem, o que levou à lixiviação de substâncias nitratadas do horizonte superior para o horizonte inferior. Resultados semelhantes foram registados por Lodhiyal et al. (2002), Sharma e Dadhwal (2011).

4.5.5 Fósforo disponível no solo (P_2O_5)

Os dados relativos ao fósforo disponível no solo (kg ha^{-1}) são apresentados na Tabela 4.16, na Figura 4.16 e no Apêndice XIII. O fósforo disponível até 0-30 cm de profundidade do solo antes da semeadura da soja foi observado 18,08 kg ha^{-1} sob consórcio choupo-soja e 16,76 kg ha^{-1} sob sistema de cultivo aberto (controle). O máximo de fósforo disponível (19,88 kg ha^{-1}) entre as culturas intercalares de choupo e soja foi observado no tratamento T4, seguido pelo T1 (19,26 kg ha^{-1}) e o mínimo (19,61 kg ha^{-1}) no tratamento T5. As variações no fósforo disponível no solo entre a cultura intercalar de choupo-soja e o controlo foram consideradas insignificantes.

O fósforo disponível até 0-30 cm de profundidade do solo após a colheita da cultura da soja foi observado 19,64 kg ha^{-1} sob a cultura intercalar de choupo-soja e 18,69 kg ha^{-1} sob sistema de agricultura aberta. O máximo de fósforo disponível (21,20 kg ha^{-1}) na cultura intercalar de choupo-soja foi observado no tratamento T8, seguido pelo T1 (20,07 kg ha^{-1}) e o mínimo (18,37 kg ha^{-1}) no tratamento T6. As variações entre todos os tratamentos não foram estatisticamente significativas. No entanto, houve um aumento de 5% no estado de fósforo disponível após a colheita da cultura da soja. Assim, indicando um acúmulo gradual de fósforo disponível no solo sob o sistema agroflorestal de choupo-soja. Entre estes tratamentos, o sistema agroflorestal registou um aumento de 8,6% do fósforo disponível, ao passo que na condição aberta (controlo), após a colheita da soja, houve um aumento de 11,55 do fósforo disponível em relação ao estado inicial.

Quadro 4.16 Influência do sistema de cultivo choupo-soja no fósforo disponível no solo

Treatments	Available P_2O_5 (kg ha^{-1})	
	Before sowing soybean	After harvesting soybean
T_1	19.26	20.07
T_2	17.78	18.81
T_3	18.07	19.49
T_4	19.88	20.00
T_5	16.63	19.19
T_6	16.76	18.37
T_7	18.47	19.95
T_8	17.78	21.20
T_1-T_8 (mean)	18.08	19.64
Open (control)	16.76	18.69
SEm ±	1.16	1.11
CD at 5%	NS	NS
CV %	11.16	9.79

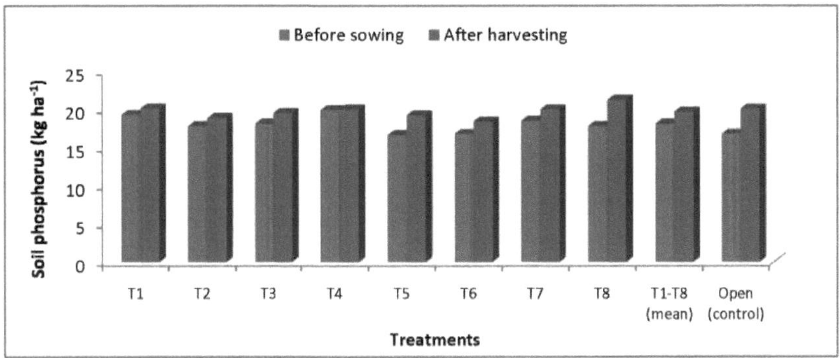

Figura 4.16 Influência do sistema de cultivo choupo-soja no fósforo disponível no solo

4.5. 6Potássio disponível   no solo (K_2O)

Os dados relativos ao potássio disponível no solo (kg ha^{-1}) são apresentados na Tabela 4.17, na Figura 4.17 e no Apêndice XIII. O potássio disponível até a profundidade de 0-30 cm do solo, antes da semeadura da soja, foi observado em 212,92 kg ha^{-1} na cultura intercalar de choupo-soja e 119,67 kg ha^{-1} no sistema de cultivo aberto. Entre as culturas intercalares de choupo e soja, observou-se um máximo de 229,64 kg ha^{-1}) de potássio disponível no solo no tratamento T4, seguido pelo tratamento T5 (221,60 kg ha^{-1}) e um mínimo de 202,56 kg ha^{-1} no tratamento T2. As variações de potássio disponível no solo entre a cultura intercalar de choupo-soja e o controlo foram consideradas insignificantes.

O potássio disponível no solo até 0-30 cm de profundidade, após a colheita da soja, foi observado um máximo de 215,40 kg ha^{-1} no sistema de consorciação choupo-soja e 201,00 kg ha⁻¹ no sistema de cultivo aberto. No sistema de consorciação choupo-soja, o máximo de potássio disponível (231,72 kg ha^{-1}) foi observado no tratamento T4, seguido pelo T5 (163,55 kg ha^{-1}) e o mínimo (205,08 kg ha^{-1}) no tratamento T2. Aqui também as variações entre todos os tratamentos foram estatisticamente não significativas.

Quadro 4.17 Influência do sistema de cultura intercalar choupo-soja no potássio disponível no solo

Treatments	Available K_2O (kg ha^{-1})	
	Before sowing soybean	**After harvesting soybean**
T_1	220.25	222.15
T_2	202.56	205.08
T_3	209.92	212.39
T_4	229.64	231.72
T_5	221.60	223.93
T_6	203.57	205.25
T_7	209.88	212.51
T_8	205.90	210.15
T_1-T_8 (mean)	212.92	215.40
Open (control)	199.67	201.00
SEm ±	11.95	11.90
CD at 5%	NS	NS
CV %	9.79	9.64

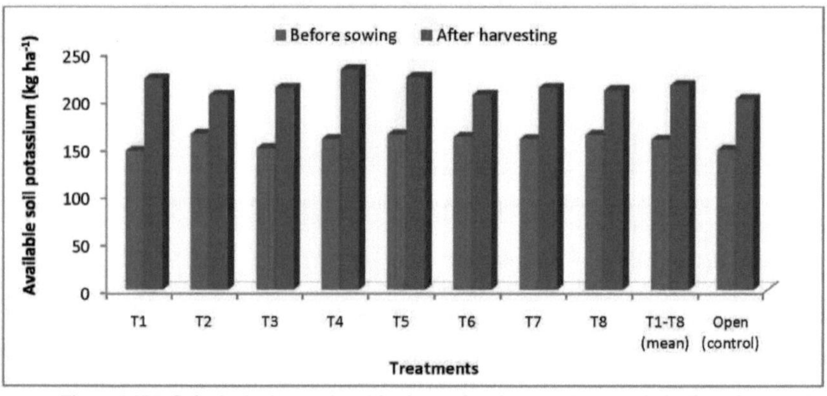

Figura 4.17 Influência do sistema de cultivo intercalar choupo-soja no potássio disponível no solo

Os resultados apresentados acima sobre o N disponível no solo, P2O5 e K2O revelaram que o sistema de cultivo intercalar choupo-soja adicionou ao solo uma maior quantidade de folhada sob a forma de folhada, casca, pequenos ramos e raízes durante o ano. A partir daí, o processo de decomposição começou a depender da intensidade das variáveis climáticas (radiação solar, temperatura, humidade relativa, precipitação e velocidade do vento). Consequentemente, foi produzida uma quantidade variável de N, P e K disponíveis no solo, em comparação com o sistema de agricultura aberta. O máximo de N, P e K disponíveis (kg ha^{-1}) foi encontrado na profundidade do solo de 0-15 cm devido à adição de resíduos orgânicos na superfície do solo, conforme relatado por Mohsin et al. (1996), Bhardwaj et al. (2001), Singh e Sharma (2007), Singh et al. (2010), Yadav et al. (2011), Chauhan et al. (2012) e Baum et al. (2013).

O solo do local da experiência sob o sistema baseado no choupo era alcalino (pH 7,56-7,95) com baixa condutividade eléctrica (0,32-0,39 dSm^{-1}), elevado teor de carbono orgânico do solo (0,94-1,10%), baixo teor de azoto disponível (226,28-263,01 kg ha^{-1}), médio teor de fósforo disponível (16,76-21.20 kg ha^{-1}) e teor de potássio disponível (119,67-231,72 kg ha^{-1}) houve um aumento gradual do estado de fertilidade do solo em termos de carbono orgânico do solo, azoto disponível, fósforo e estado de potássio do solo, indicando assim um efeito sinérgico do sistema agroflorestal baseado no choupo-soja.

4.6 Estudos de correlação

4.6.1 Coeficiente de correlação entre os parâmetros de crescimento do choupo e da cultura da soja cultivada com choupo

Os dados relativos aos coeficientes de correlação entre diferentes parâmetros de crescimento do choupo e da soja cultivados sob choupo são apresentados no Quadro 4.18.

A altura da planta do choupo teve uma correlação positiva significativa com o diâmetro do colo, o DAP, a largura da copa, o volume do caule e a percentagem de incremento de volume, ao passo que apresentou uma correlação positiva não significativa com a altura da planta e o LAI da cultura da soja. Os caracteres de crescimento e rendimento da soja, como peso seco, número de vagens por planta, grãos por vagem, rendimento biológico, rendimento de grãos e rendimento de palha, foram afectados negativamente, mas o efeito não foi significativo. O diâmetro do colo das plantas de choupo foi correlacionado de forma significativamente positiva com o DAP, a largura da copa, o volume do caule e a percentagem de incremento de volume, mas apresentou uma correlação positivamente insignificante com a altura da planta, o peso seco e o IAF da soja. Observou-se um coeficiente de correlação negativamente não significativo para o número de vagens por planta, número de grãos por vagem, rendimento biológico, rendimento de grãos e rendimento de palha da soja com o diâmetro do colo das plantas de choupo.

O DBH teve uma correlação significativamente positiva com a largura da copa, o volume do caule e a percentagem de incremento de volume e mostrou uma correlação positivamente insignificante com o LAI e o peso seco da soja. A altura da planta, o número de vagens por planta, o número de grãos por vagem, o rendimento biológico, o rendimento de grãos e o rendimento de palha da soja tiveram uma correlação negativa insignificante com o DBH do choupo. A largura da copa do choupo teve uma correlação positiva e significativa com o volume do caule e a percentagem de incremento de volume, ao passo que teve uma correlação não significativa (positiva) com a altura da planta, o peso seco, o LAI e o rendimento de grãos da soja.

A correlação entre o volume do caule e a percentagem de incremento de volume do choupo foi significativamente positiva, mas não foi significativamente (positiva) correlacionada com a altura da planta, o peso seco, o LAI e o rendimento de grãos da soja. O número de vagens por planta, o número de grãos por vagem, o rendimento biológico e o rendimento de grãos da soja foram afectados de forma negativa e não significativa pelo volume do caule do choupo. A percentagem de incremento de volume do choupo teve uma correlação positivamente insignificante com a altura da planta, o peso seco e o LAI da soja, mas verificou-se que o coeficiente de correlação com o número de vagens por planta, o número de grãos por vagem, o rendimento biológico, o rendimento de grãos e o rendimento de palha da soja foi negativamente insignificante.

A altura da planta da soja teve uma correlação positivamente significativa com o LAI e uma correlação positivamente não significativa com o número de vagens por planta, o número de grãos por vagem e o rendimento de grãos. No entanto, foi observado um coeficiente de correlação negativo não significativo para o peso seco, o rendimento biológico e o rendimento de palha com a altura da planta da soja.

O peso seco da planta de soja acima do solo apresentou uma correlação positiva não significativa com o rendimento biológico e o rendimento de palha, mas uma correlação negativa não significativa com o LAI, o número de vagens por planta, o número de grãos por vagem e o rendimento de grãos. O LAI teve uma correlação negativamente significativa com o rendimento biológico e o rendimento de palha da soja, enquanto se observou uma correlação positivamente não significativa com o rendimento de grãos e uma correlação negativamente não significativa com o número de vagens por planta, o número de grãos por vagem da soja.

O número de vagens por planta teve uma correlação positiva significativa com o número de grãos por vagem de soja e uma correlação positiva não significativa com o rendimento biológico, o rendimento de grãos e o rendimento de palha de soja. O coeficiente de correlação do número de grãos por vagem com o rendimento biológico, o rendimento de grãos e o rendimento de palha da soja foi positivamente não significativo. O rendimento biológico teve uma correlação positiva significativa com o rendimento em palha e um coeficiente de correlação não significativo com o rendimento em grão da soja. O rendimento de grãos teve um coeficiente de correlação negativo e não significativo com o rendimento de palha da soja.

4.6.2 Coeficiente de correlação entre diferentes parâmetros de crescimento do choupo e as propriedades do solo

Os dados analisados para o Coeficiente de Correlação entre os parâmetros de crescimento do choupo e as propriedades do solo são apresentados no Quadro 4.19.

A altura das plantas de choupo teve uma correlação positiva não significativa com o pH do solo, o azoto e o fósforo e uma correlação negativa não significativa com a CE do solo, o carbono orgânico do solo e o potássio do solo. No entanto, a correlação do diâmetro do colo do choupo com o pH do solo, o azoto disponível no solo, o fósforo e o potássio foi considerada positivamente não significativa. O DBH teve uma correlação negativa não significativa com a CE do solo e o carbono orgânico do solo, ao passo que se verificou uma correlação positiva não significativa com o pH do solo, o azoto, o fósforo e o potássio.

A largura da copa do choupo teve uma correlação positivamente significativa com o fósforo e uma correlação negativamente não significativa com a CE e o potássio, ao passo que uma correlação positivamente não significativa com o pH do solo, o carbono orgânico do solo e o azoto. O volume do caule do choupo teve uma correlação positiva significativa com o fósforo e uma correlação negativa significativa com a CE e o potássio, ao passo que foi encontrada uma correlação positiva não significativa com o pH do solo, o azoto e o potássio.

A percentagem de aumento de volume teve uma correlação negativamente significativa com a CE do solo e negativamente não significativa com o carbono orgânico, enquanto que foi encontrada uma correlação positivamente não significativa com o pH do solo, o azoto disponível no solo e o fósforo. O pH do solo teve uma correlação negativamente significativa com o carbono orgânico e positivamente não significativa com o fósforo, enquanto que se observou uma correlação negativa não significativa com a CE do solo, o azoto disponível no solo e o potássio.

A CE do solo teve uma correlação positiva não significativa com o carbono orgânico do solo e o potássio, enquanto que foi negativamente não significativa com o azoto e o fósforo. Foi observada uma correlação negativa não significativa do carbono orgânico do solo com o azoto, o fósforo e o potássio disponíveis no solo. O azoto do solo teve uma correlação positiva significativa com o fósforo e uma correlação não significativa com o potássio. Foi observada uma correlação positiva não significativa entre o fósforo e o potássio do solo.

4.6.3 Coeficiente de correlação entre os parâmetros de crescimento e rendimento da soja e as propriedades do solo

Os dados analisados para o coeficiente de correlação entre os parâmetros de crescimento e rendimento da soja e as propriedades do solo são apresentados na Tabela 4.20.

Verificou-se que o impacto da altura das plantas de soja era positivamente não significativo com a CE do solo e o carbono orgânico do solo, ao passo que tinha uma correlação negativamente não significativa com o pH do solo, o azoto disponível no solo, o fósforo e o potássio. O peso seco teve uma correlação negativa não significativa com o pH do solo e uma correlação positiva não significativa com a CE do solo, o carbono orgânico do solo, o azoto disponível no solo, o fósforo e o potássio.

O LAI teve uma correlação negativa não significativa com a CE do solo, o azoto disponível no solo e o potássio, ao passo que se verificou ser positivamente não significativa com o pH do solo, o carbono orgânico do solo e o fósforo. O número de vagens/planta teve uma correlação positiva não significativa com a CE do solo, o carbono orgânico do solo e o potássio, ao passo que a correlação foi considerada negativamente não significativa com o pH do solo, o azoto e o fósforo.

O número de grãos por vagem de soja tem uma correlação negativa significativa com o pH do solo e uma correlação positiva não significativa com a CE, o carbono orgânico, o azoto, o fósforo e o potássio do solo. O rendimento biológico da soja teve uma correlação negativa e não significativa com o pH do solo, ao passo que se observou uma correlação positiva e não significativa com a CE, o carbono orgânico, o azoto, o fósforo e o potássio do solo.

O rendimento do grão teve uma correlação negativa não significativa com o pH e o potássio do solo, ao passo que se observou uma correlação positiva não significativa com a CE do solo, o carbono orgânico do solo, o azoto e o fósforo disponíveis no solo. O rendimento da palha de soja teve uma correlação negativa não significativa com o pH do solo e observou-se uma correlação positiva não significativa com a CE, o carbono orgânico, o azoto, o fósforo e o potássio do solo.

Tabela 4.18 Coeficiente de correlação entre diferentes parâmetros da cultura do choupo e da soja cultivada com choupo

Character	Poplar plant height	Collar diameter	DBH	Crown width	Stem volume	Volume increment (%)	Soybean plant height	dry weight	LAI	Number of pod/plant	Number of grains/pod	Biological yield	Grain yield	Straw yield
Poplar plant height	-													
Collar diameter	0.860^{**}	-												
DBH	0.842^{**}	0.995^{**}	-											
Crown width	0.806^{*}	0.860^{**}	0.824^{*}	-										
Stem volume	0.904^{**}	0.988^{**}	0.977^{**}	0.904^{**}	-									
Volume increment %	0.897^{**}	0.995^{**}	0.989^{**}	0.859^{**}	0.990^{**}	-								
Soybean plant height	0.250^{NS}	0.018^{NS}	-0.029^{NS}	0.184^{NS}	0.067^{NS}	0.064^{NS}	-							
dry weight	-0.147^{NS}	0.051^{NS}	0.103^{NS}	0.061^{NS}	0.003^{NS}	0.053^{NS}	-0.346^{NS}	-						
LAI	0.692^{NS}	0.485^{NS}	0.421^{NS}	0.605^{NS}	0.529^{NS}	0.515^{NS}	0.752^{*}	-0.447^{NS}	-					
Number of pod/plant	-0.246^{NS}	-0.578^{NS}	-0.599^{NS}	-0.310^{NS}	-0.460^{NS}	-0.557^{NS}	0.219^{NS}	-0.494^{NS}	-0.048^{NS}	-				
Number of grains/pod	-0.502^{NS}	-0.655^{NS}	-0.682^{NS}	-0.307^{NS}	-0.553^{NS}	-0.651^{NS}	0.060^{NS}	-0.232^{NS}	-0.294^{NS}	0.847^{**}	-			
Biological yield	-0.521^{NS}	-0.361^{NS}	-0.334^{NS}	-0.259^{NS}	-0.343^{NS}	-0.365^{NS}	-0.445^{NS}	0.472^{NS}	-0.771^{*}	0.142^{NS}	0.560^{NS}	-		
Grain yield	-0.078^{NS}	-0.025^{NS}	-0.093^{NS}	0.118^{NS}	0.011^{NS}	-0.043^{NS}	0.403^{NS}	-0.650^{NS}	0.312^{NS}	0.260^{NS}	0.419^{NS}	0.039^{NS}	-	
Straw yield	-0.428^{NS}	-0.311^{NS}	-0.254^{NS}	-0.290^{NS}	-0.313^{NS}	-0.306^{NS}	-0.593^{NS}	0.734^{*}	-0.841^{**}	0.003^{NS}	0.300^{NS}	0.876^{**}	-0.448^{NS}	-

*Significativo ao nível de 5% de probabilidade **Significativo ao nível de 1% de probabilidade

Quadro 4.19 Coeficiente de correlação entre os parâmetros de crescimento do choupo e as propriedades do solo

Character	Poplar plant height	Collar diameter	DBH	Crown width	Stem volume	Volume increment	pH	EC	SOC	N	P	K
Poplar plant height	-											
Collar diameter	0.860*	-										
DBH	0.842*	0.995*	-									
Crown width	0.806*	0.860*	0.824*	-								
Stem volume	0.904*	0.988*	0.977*	0.904*	-							
Volume increment	0.897*	0.995*	0.989*	0.859*	0.990*	-						
pH	0.587 NS	0.617 NS	0.651 NS	0.169 NS	0.549 NS	0.634 NS	-					
EC	-0.604 NS	-0.795*	-0.790*	-0.567 NS	-0.752*	-0.774*	.603 NS	-				
OC	-0.184 NS	-0.177 NS	-0.207 NS	0.255 NS	-0.134 NS	-0.187 NS	-0.713*	0.515 NS	-			
N	0.462 NS	0.502 NS	0.485 NS	0.593 NS	0.562 NS	0.515 NS	-.016 NS	-0.619 NS	-0.136 NS	-		
P	0.531 NS	0.670 NS	0.655 NS	0.743*	0.721*	0.655 NS	0.034 NS	-0.666 NS	-0.071 NS	0.918*	-	
K	-0.078 NS	0.030 NS	0.088 NS	-0.015 NS	0.052 NS	-0.010 NS	-.103 NS	0.073 NS	0.014 NS	0.108 NS	0.303 NS	-

*Significativo ao nível de 5% de probabilidade **Significativo ao nível de 1% de probabilidade

Quadro 4.20 Coeficiente de correlação entre os parâmetros de crescimento e rendimento da soja e as propriedades do solo

Character	Plant height	dry weight	LAI	No. of pods/plant	No. of grains /plant	Biological yield	Grain yield	Straw yield	pH	EC	OC	N	P	K
Plant height	-													
dry weight	$-.346^{NS}$	-												
LAI	0.752^{*}	$-.447^{NS}$	-											
No. of pods/plant	0.219^{NS}	$-.494^{NS}$	$-.048^{NS}$	-										
No. of grains/plant	0.060^{NS}	$-.232^{NS}$	$-.294^{NS}$	0.847^{**}	-									
Biological yield	$-.445^{NS}$	0.472^{NS}	-0.771^{*}	0.142^{NS}	0.560^{NS}	-								
Grain yield	0.403^{NS}	$-.650^{NS}$	0.312^{NS}	0.260^{NS}	0.419^{NS}	0.039^{NS}	-							
Straw yield	$-.593^{NS}$	0.734^{*}	$-.841^{**}$	0.003^{NS}	0.300^{NS}	0.876^{**}	$-.448^{NS}$	-						
pH	$-.013^{NS}$	$-.115^{NS}$	0.267^{NS}	-0.559^{NS}	-0.837^{**}	-0.529^{NS}	$-.254^{NS}$	$-.349^{NS}$	-					
EC	0.425^{NS}	0.011^{NS}	$-.171^{NS}$	0.642^{NS}	0.623^{NS}	0.208^{NS}	0.025^{NS}	0.174^{NS}	$-.603^{NS}$	-				
OC	0.374^{NS}	0.368^{NS}	0.173^{NS}	0.166^{NS}	0.341^{NS}	0.126^{NS}	0.029^{NS}	0.096^{NS}	-0.713^{*}	0.515^{NS}	-			
N	$-.384^{NS}$	0.157^{NS}	$-.040^{NS}$	-0.125^{NS}	0.075^{NS}	0.400^{NS}	0.087^{NS}	0.316^{NS}	$-.016^{NS}$	$-.619^{NS}$	$-.136^{NS}$	-		
P	$-.342^{NS}$	0.067^{NS}	0.044^{NS}	-0.149^{NS}	0.008^{NS}	0.268^{NS}	0.176^{NS}	0.155^{NS}	0.034^{NS}	$-.666^{NS}$	$-.071^{NS}$	0.918^{**}	-	
K	$-.486^{NS}$	0.165^{NS}	$-.517^{NS}$	0.295^{NS}	0.222^{NS}	0.313^{NS}	$-.324^{NS}$	0.438^{NS}	$-.103^{NS}$	0.073^{NS}	$-.014^{NS}$	0.108^{NS}	0.303^{NS}	-

*Significativo ao nível de 5% de probabilidade **Significativo ao nível de 1% de probabilidade

CAPÍTULO 5

RESUMO E CONCLUSÃO

Foi realizada uma experiência de campo durante a época de kharif de 2014 no local experimental do Centro de Investigação Agroflorestal (antigo local), Patharchatta da Universidade G.B. Pant de Agricultura e Tecnologia, Pantnagar, U.S. Nagar, para avaliar o crescimento do choupo cultivado a partir de diferentes plantas e o seu efeito sobre o estado do solo, como a alteração do pH do solo, a CE do solo, o carbono orgânico do solo, o azoto disponível no solo, o fósforo, o potássio e os atributos de crescimento e rendimento: altura da planta, rendimento de grãos, rendimento de palha, rendimento biológico e índice de colheita, etc., da soja no sistema agroflorestal baseado no choupo-soja.

As principais conclusões do presente inquérito são resumidas a seguir:

    a. Desempenho global de diferentes plantas de choupo.

    b. Efeito sobre o crescimento e o rendimento da soja sob diferentes plantas de choupo

    c. Influência da cultura intercalar de choupo e soja nas propriedades do solo

1. A altura do choupo registou variações significativas. As plantas de choupo criadas a partir do ramo secundário (tratamento T5) mostraram o incremento máximo de altura (21,91%) durante o período da experiência, seguidas pelo T7 (18,45%), enquanto o incremento mínimo de crescimento em altura (12,83%) foi observado no tratamento T4. No entanto, as alturas do choupo cultivado a partir de diferentes plantas foram na ordem de T8>T4>T6>T2>T1>T3>T7>T5.

2. Após a colheita da cultura da soja, o incremento máximo (15,65%) no diâmetro do colo do álamo foi observado no tratamento T7, seguido do T5 (14,32%), enquanto o mínimo (10,69%) foi observado no tratamento T8. As variações no incremento do colo entre as plantas de choupo cultivadas a partir de diferentes plantas de plantação foram significativas.

3. O DBH entre os vários tratamentos de choupo também mostrou diferenças significativas. O DBH foi máximo (4,80 cm) observado no tratamento T8 e mínimo (2,52 cm) no tratamento T7, enquanto o incremento máximo de DBH (25,39%) foi observado no tratamento T7 seguido do T5 (23,46%) e o incremento mínimo de DAP (12,70%) foi

observado no tratamento T8.

4. Após a colheita da soja, foram observadas variações notáveis na largura da copa entre as plantas de choupo cultivadas a partir de diferentes estoques de plantio. A maior largura de copa (5,02 m) foi observada em plantas de álamo cultivadas a partir de mudas (tratamento T8), enquanto a menor (3,02 m) foi observada no tratamento T7. O incremento percentual máximo (15,03%) da largura da copa foi encontrado em T5, seguido de T3 (13,63%), enquanto o mínimo (6,13%) foi observado no tratamento T8.

5. Os dados revelaram que o incremento máximo de volume do caule (14,95%) foi registado no tratamento T8, seguido do T4 (12,63%), enquanto o incremento mínimo de volume (7,69%) foi observado no tratamento T7. Os dados mostraram variações estatisticamente significativas no volume do caule e na percentagem de incremento entre as diferentes plantas de choupo.

6. Os dados registados para a contagem de germinação da soja semeada sob diferentes plantas de choupo mostraram variações não significativas em comparação com a condição aberta (controlo). Foi mais elevada (36,7 por m^2) em condições abertas (controlo) do que na cultura semeada em sistema agroflorestal (34,9 por m^2) e a redução foi de 5,15%.

7. Em vários estágios de crescimento da cultura da soja, tanto na condição de controle quanto no sistema agroflorestal, não houve diferenças significativas na altura da planta. No entanto, foi observada uma redução de 6,15%, 4,43% e 4,07% na altura das plantas no sistema agroflorestal em comparação com a condição aberta (controlo) aos 30 DAS, 60 DAS e 90 DAS, respetivamente.

8. Os dados relacionados com a acumulação de matéria seca da soja em várias fases de crescimento da cultura em condições abertas (controlo) e em sistema agroflorestal à base de choupo aos 30 DAS, 90 DAS e na colheita influenciaram significativamente, no entanto, observou-se que não era significativa aos 60 DAS.

9. O índice de área foliar (IAF) da soja em diferentes estágios de crescimento da cultura foi observado menor no sistema agroflorestal em comparação com a condição aberta (controle), mas a variação foi insignificante.

10. O número de vagens por planta foi maior em condições abertas (controlo) em comparação com o sistema agroflorestal, que apresentou uma redução de 12,89%. O número de vagens por planta da cultura de soja cultivada sob diferentes tipos de plantação de choupo foi maior no tratamento T7, enquanto que o menor número de

vagens por planta foi observado no tratamento T3. A diferença foi considerada insignificante nos sistemas agroflorestais e na condição aberta (controlo)

11. O comprimento das vagens na colheita em condições abertas (controlo) e no sistema agroflorestal à base de choupo não apresentou diferenças significativas. No entanto, o comprimento das vagens foi ligeiramente superior em condições abertas (controlo) em comparação com o sistema agroflorestal à base de choupo. Foram registados resultados semelhantes no caso do número de grãos por vagem e do peso de 100 grãos. A cultura cultivada sob diferentes plantas de choupo, o número máximo de grãos por vagem foi observado no tratamento T7, seguido do T_5, enquanto o número mínimo de grãos por planta foi registado no tratamento T3, enquanto que a redução de 7,66% no peso de 100 grãos foi observada na cultura cultivada sob plantas de choupo em comparação com a condição aberta (controlo).

12. O sistema agroflorestal registou um rendimento de grãos inferior em 9,72% em comparação com a condição aberta (controlo). O rendimento de grãos mais elevado (24,03 qha^{-1}) foi obtido em condição aberta (controlo) em comparação com o sistema agroflorestal (21,90 qha^1). Isso pode ser devido ao menor sombreamento e ao efeito alelopático de diferentes plantas de choupo no crescimento e no rendimento de grãos da soja.

13. As variações no rendimento de palha da cultura de soja foram observadas na faixa de 32,09 q ha^{-1} a 37,43 q ha^{-1} cultivadas sob diferentes estoques de plantio de álamo. No entanto, o rendimento máximo de palha de 37,43 qha^{-1} foi registado no tratamento T_1, ao passo que o mínimo de 32,09 q ha^{-1} foi encontrado no tratamento T8, enquanto o rendimento de palha mais elevado (35,89 qha^{-1}) foi observado em condições abertas (controlo). A redução do rendimento da palha foi de 5,62% no sistema agroflorestal à base de choupo, em comparação com o sistema aberto, mas as variações foram insignificantes.

14. As variações no rendimento biológico foram insignificantes entre todos os tratamentos, incluindo o controlo. Os dados registados para o rendimento biológico foram observados mais elevados (59,92 q ha^{-1}) em condições abertas (controlo) em comparação com a cultura cultivada sob choupo (55,87 q ha^{-1}). Foram registados resultados semelhantes no caso do índice de colheita (%) para a condição aberta (controlo) e para o sistema agroflorestal à base de choupo.

15. Verificou-se que o pH do solo era estatisticamente significativo em condições abertas (controlo) e no sistema agroflorestal à base de choupo. Após a colheita da soja, o pH do solo a uma profundidade de 0-30 cm em condições abertas (controlo) foi de 7,86, enquanto que no sistema agroflorestal o pH médio do solo a uma profundidade de 0-30 cm foi de 7,62. Em diferentes plantações de choupo e soja em consórcio, o pH do solo mais elevado foi de 7,67 no tratamento T4 e o mais baixo de 7,56 no tratamento T5.

16. A condutividade eléctrica do solo (CE) até 0-30 cm de profundidade foi insignificantemente mais elevada em culturas intercalares de choupo e soja do que no solo em condições abertas (controlo). Da mesma forma, foram observadas variações insignificantes no carbono orgânico do solo antes da semeadura e após a colheita da cultura da soja. Em geral, observou-se um aumento insignificante do carbono orgânico do solo no solo em que o choupo e a soja foram consorciados, em comparação com o solo em condições abertas (controlo).

17. Após a colheita da soja, analisou-se o solo sob o sistema de culturas intercalares choupo-soja, bem como a condição de controlo, no que diz respeito ao azoto, fósforo e potássio disponíveis no solo. O máximo de azoto disponível no solo (251,64 kg ha^{-1}) foi observado no sistema de culturas intercalares choupo-soja e o mínimo (236,76 kg ha^{-1}) em condições abertas (controlo). Resultados semelhantes foram registados no caso do fósforo e potássio disponíveis no solo. O máximo de fósforo disponível (19,64 kg ha^{-1}) foi encontrado no sistema de culturas intercalares de choupo-soja e o mínimo (18,69 kg ha^{-1}) em condições abertas (controlo). Do mesmo modo, o máximo de potássio disponível (215,40 kg ha^{-1}) foi obtido no sistema de culturas intercalares de choupo-soja e o mínimo (201,00 kg ha^{-1}) em condições abertas (controlo). As variações em todos os casos foram insignificantes, no entanto, observou-se um aumento geral do N, P e K disponíveis no solo no sistema de culturas intercalares de choupo-soja, em comparação com a condição de controlo.

O estudo revelou que, nos diferentes tratamentos do choupo, o material de plantação criado por plântulas, ou seja, (T8), teve um desempenho ligeiramente melhor do que os outros tratamentos. O

O estudo também mostrou que o crescimento e o rendimento da cultura da soja não foram afectados significativamente pelas plantas de choupo. Tal pode dever-se ao crescimento inicial da fase, à folhagem reduzida, à menor extensão das raízes e à copa esparsa das plantas de choupo. Não só ajuda a aumentar a produção de grãos para a soja, como também contribui para uma maior produção de madeira para o choupo. O pH do solo foi mais elevado em condições abertas (controlo), enquanto outros parâmetros como CE do solo, CO, N, P e K disponíveis foram encontrados ao máximo no sistema agroflorestal baseado no choupo.

Por conseguinte, a utilização de um sistema agroflorestal à base de choupo e soja poderia constituir uma melhor alternativa para os agricultores da região do tarai de Uttarakhand.

CAPÍTULO 6

REFERÊNCIAS

1. Alka, M., Rashmi, A. e Swami, S.L. 2006. Produtividade de soja e trigo sob cinco clones promissores de Populus deltoides em sistema agrisilvicultura. Arquivo de Plantas. 6(2): 567-571.

2. Anon. 2014. USDA-Serviço Agrícola Estrangeiro, Gabinete de Análise Global.

3. Araus, J.L., Slafer, G. A., Royo, C., e Serret, M.D. 2008. Breeding for yield potential and stress adaptation in cereals (Reprodução para potencial de rendimento e adaptação ao stress em cereais). *Critical Reviews in Plant Science.* 27(6), 377-412.

4. Banwari, L. 2002. Efeito alelopático da biomassa de folhada de espécies arbóreas. Resumos alargados. Vol 1. 2ⁿᵈ *Congresso Internacional de Agronomia.* Nova Deli, Índia. p. 998-999.

5. Baum, C., Eckhardt, K.U., Hahn, J., Weih, M., Dimitriou, I. e Leinweber, P. 2013. Impacto do choupo na qualidade da matéria orgânica do solo e nas comunidades microbianas em solos aráveis. *Ambiente do solo da planta.* 3: 95-100.

6. Bhardwaj, S.D., Panwar, P. e Gautam, S. 2001. Potencial de produção de biomassa e dinâmica de nutrientes de *Populus deltoides* sob plantação de alta densidade. *Indian Forester.* 127(2): 144-153.

7. Bijalwan, A. 2011. Avaliação da produtividade das culturas agrícolas no sistema agro-horti-silvícola existente nas colinas médias do Himalaia Central Ocidental, Índia. *Jornal Africano de Investigação Agrícola.* 6(10): 2139-2145.

8. Branchgov, E.G. e Strunia, T.F. 1983. Plantações populares de crescimento rápido. *Lesnoe Khozyaistvo.* 10: 41-43.

9. Braun, B. J. 1934. Plant sociology, the study of plant communities, field reference manual, Burges Publication Minnestoa Co.

10. Chakrabarti, S.K. e Gaharwa, K.S. 1998. Um estudo sobre a estimativa do volume de *Shorea robusta. Indian Forester.* 124(4): 225-230.

11. Chandel, K.P.S., Joshi, B.S. e Pant, K.C. 1973. Rendimento do feijão-mungo e seus componentes. *Indian Journal of Genetics.* 33(2): 217-267.

12. Chang, S.X., Amatya, G., Beare, M.N. e Mead, D.J. 2002. Propriedades do solo sob

Pinus radiata - sistema silvopastoril de centeio na Nova Zelândia. Parte I. Disponibilidade de N e humidade no solo, C do solo e crescimento das árvores. *Agroforestry Systems.* 54: 137-147.

13. Chaudhry, A.K., Khan, G.S., Siddiqui, M.T., Akhtar, M. e Aslam, Z. 2003. Efeito das culturas arvenses no crescimento do choupo (*Populus deltoides*) no sistema agroflorestal. *Pakistan Journal of Agriculture Science.* 40(1-2): 82-86.

14. Chauhan, S.K., Dhillon, W.S., Singh, N. e Sharma, R. 2013. Comportamento fisiológico e avaliação do rendimento de culturas agronómicas em sistema de agrohortisilvicultura. *Revista Internacional de Pesquisa Vegetal.* 3(1): 1-8.

15. Chauhan, S.K., Gupta, N., Walia, R., Yadav, S., Chauhan, R. e Mangat, P.S. 2011. Biomassa e potencial de sequestro de carbono do sistema de cultivo intercalar choupo-trigo no ecossistema agrícola irrigado na Índia. *Journal of Agricultural Sciences and Technology.* 1(2011): 575-586.

16. Chauhan, S.K., Nanda, R.K. e Brar, M.S. 2009. Adoção de uma agrofloresta baseada no choupo como abordagem para uma agricultura diversificada no Punjab. *Indian forester.* 135(5): 671-677.

17. Chauhan, S.K., Sharma, R., Sharma, S.C., Gupta, N. e Ritu. 2012. Avaliação do sistema agro-silvícola baseado na plantação de choupo (*Populus deltoides* Bartr. Ex Marsh.) para a produção de trigo-paddy e armazenamento de carbono. *Revista Internacional de Agricultura e Silvicultura.* 2(5).

18. Chaturvedi, A.N. 1992. Rotação óptima de colheita para choupos em terras agrícolas sob agroflorestação. *Indian Forester.* 118(2): 81-88.

19. Chaturvedi, S., Chandel, A.S. e Singh, A.P. 2012. Gestão de nutrientes para aumentar o rendimento e a qualidade da soja (*Glycine max.*) e a fertilidade residual do solo. *Centro de Comunicação de Investigação Agrícola.* 35(3):175-184.

20. Das, D.K. e Chaturvedi, O.P. 2005. Estrutura e função do sistema agroflorestal de *Populus deltoides* no leste da Índia: 1 Dinâmica da matéria seca. *Agroforestry Systems.* 65(3): 215-221.

21. Deshpandey, S.B., Feheronbacher, J.B. e Roy, B.W. 1971. Mollisol of Tarai region of Uttar Pradesh, Northern India, 2. Genetics and classification. Geoderma. 6.

22. Dhanda, R.S. e Verma, R.K. 2001. Tabelas de volume e peso da madeira de choupo cultivado na exploração (Populus deltoides Bartr. Ex Marsh.) em Punjab (Índia).

Indian forester. 27(1): 115-130.

23. Dhawan, R.S. e Malik, R.K. 1995. Influência da irrigação na germinação e no crescimento de Zea mays L. e Vigna radiate L. Wilczek sob uma faixa de proteção de híbridos de eucalipto. Agriculture Science Digest. 15(14): 209-211.

24. Dhillon, W.S., Chauhan, S.K., Jabeen, N. e Singh, N. 2012. Desempenho do crescimento dos componentes do sistema de consórcio e estado nutricional do solo no sistema Horti-silvicultural. Revista Internacional de Meio Ambiente e Recursos. 1(1): 31-38.

25. Dhiman, R.C. 2009. Carbon footprint of planted poplar in India (Pegada de carbono do choupo plantado na Índia). Boletim Florestal ENVIS. 9(2).

26. Erika, S.E., Fernandes, C.M., Harivelo, M.R. e Eric, R. 2009. Terras altas degradadas na região da floresta tropical de Madagáscar: Biomassa de pousio, reservas de nutrientes e disponibilidade de nutrientes no solo. *Agroforestry Systems*. 77: 107-122.

27. George, S. e Nair, R.V. 1987. Efeito da sombra no crescimento, nodulação e rendimento do feijão-frade (*Vigna unguiculata* (L) Walp). *Agricultural Research Journal of Kerala*. 25(2): 281-284.

28. Gill, A.S. e Patil, B.D. 1988. Cultivo da variedade de trigo 'Raj 1555' em sistema agroflorestal. *Indian Farming*. 38 (7): 19-32.

29. Gomez, K.A. e Gomez, A.A. 1984. Statistical procedure for agricultural research (2nd ed.). John Willey and Sons. Inc. New York. 80.

30. Gupta, M.K. 2011. Pool de carbono orgânico do solo sob diferentes usos da terra no distrito de Haridwar de Uttarakhand. *Indian Forester*. 137(1): 105-112.

31. Gupta, N., Kukal, S.S., Bawa, S.S. e Dhaliwal, G.S. 2009. Carbono orgânico do solo e agregação em sistema agroflorestal baseado em choupo em relação à idade da árvore e ao tipo de solo. *Agroforestry Systems*. 76: 27-35.

32. Hanway, J.J. e Heidel, H. 1952. Métodos de análise do solo utilizados no Laboratório de Ensaios de Solos do Iowa State College. Iowa Agriculture. 57: 1-31.

33. Heilman e Stelter, R.F. 1985. Cultura mista de rotação curta de amieiro vermelho e madeira de algodão preto: crescimento de talhadia, fixação de N2 e alelopatia. Forest Science. 31(3): 607-616.

34. Imayavaramban, V., Singaravel, R., Thanunathan, K e Kandasamy, S. 2001. Estudo

do enriquecimento da fertilidade do solo sob a plantação de Leucaena leucocephala. Indian J. of Forestry. 24 (4): 478-479.

35. Isaac, M.E., Gordon, A.M., Thevathasan, N., Oppong, S.K. e Quashie, S.J. 2005. Alterações temporais no carbono e azoto do solo nos fluxos da África Ocidental. *Agroforestry System. 65: 23-31.*

36. *Jackson, M. L. 1967.* Soil chemical analysis. Prenice Hall Pvt. Ltd. New Delhi. 498 .

37. *Jacobs, D.F., Salifu, K.F. e Seifert, J.R. 2005.* Crescimento e resposta nutricional de mudas de madeira de lei à fertilização de liberação controlada no plantio. *Forest Ecology and Management. 214*(1-3): 28-39.

38. *Jitendra. 2014.* No chão da terra. 1 a 15 de março.

39. *Joshi, H. 2004.* Comparative performance of different varieties of soybean (*Glycine max* L. Merrill) Thesis, M.Sc. (Ag.) (Agronomy), G.B. Pant University of Agriculture and Technology, Pantnagar. 100p.

40. *Kamara, A.Y., Akobundu, J.O., Sanginga, N. e Jutji, S.C. 1999.* Efeitos da cobertura morta de 14 (MPTs) no crescimento inicial e na nodulação do feijão-frade. *Journal ofAgronomy and Crop Science. 182:* 127-134.

41. *Karim, A.B., Savill, P.S. e Rhodes, E.R. 1991.* O efeito de sebes jovens *de Leucaena leucocephala* no crescimento e rendimento do milho, batata-doce e feijão-frade num sistema agroflorestal na Serra Leoa. *Agroforestry systems. 17*(2): 97-118.

42. *Kohli, R.K., Daizy, B. e Singh, H.P. 1996.* Desempenho de algumas culturas de inverno sob *Populus deltoides* num estado agroflorestal simultâneo. In: *IUFRO-DNAES* International meeting on Resource Inventory, techniques to support Agroforestry and Environment D.A.V. College, Chandigarh, India, October. 1-3 : 187-190

43. Kumar, B.M. 2006. Agroforestry: the new old paradigm for Asian food security. *Jornal de Agricultura Tropical.* 44(1-2), 1-14.

44. Kumar, K., Laik, R., Das, D.K. e Charturvedi, O.P. 2008. Soil microbial biomass and respiration in afforested calciorthent *Indian journal ofAgroforestry.* 10 (2): 75-83.

45. Kumar, S., Kumar R. e Kumar N. 2011. Effect of spacing on biomass production, nutrient content and uptake by poplar (*Populus deltoides*) plantation. *Indian Journal*

of Forestr. 34(2): 157-160.

46. Kumar, V. 1999. Estudos sobre o crescimento e a produtividade de variedades de trigo em campo aberto e sob choupo (*Populus deltoides* Bart. Ex. Marsh) Tese, Ph.D. (Ag.) (Agronomia). Universidade de Agricultura e Tecnologia G.B. Pant, Pantnagar. 240.

47. Lakshamamma, P. e Rao, I.V.S. 1996. Influência do sombreamento e do ácido naftalenoacético (NAA) no rendimento e nos componentes do rendimento da grama preta (*Vigna mungo* L.). *Annals of Agricultural Research.* 17(3): 320-321.

48. Liyanage, M.D. e Martin, M.P.L.D. 1985. Cultivo intercalar de soja e coco *In*: Shanumuga sudaran, S. Sulzberger, E.W. e Mclean, B.T. ed. Soybean in tropical and subtropical cropping system. Taiwan, Centro Asiático de Investigação e Desenvolvimento de Vegetais. 57-60.

49. Lodhiyal, L.S., Lodhiyal, N. Singh, S.K. e Koshiyari, R.S. 2002. Forest floor biomass, litter fall and nutrient return through litters of high density poplar plantations in *tarai* of Central Himalaya. *Indian J. of Forestry.* 25 (3): 291-303.

50. Luna, R.K., Thakur, N.S. e Kumar V. 2012. Desempenho de crescimento de doze novos clones de *Populus deltoides* em Punjab. *Indian forester.* 138(12): 1077-1080.

51. Malik, K.P.S., Prakash, O., Kohli, R.K., Arya, K.S. e Atul 1996. Alterações em algumas propriedades físicas e químicas do solo numa zona agrícola.
sistema silvicultural com algumas espécies de árvores polivalentes na região do tarai do Uttar Pradesh. In: Proc. Encontro Internacional IUFRO-DNAES. Resource Inventory Techniques to Support Agroforestry and Environment (eds). 249-254.

52. Mandal, B.S., Chauhan, R.S. e Singh, V.P. 2005. Estudo de caso de um cultivador agroflorestal bem sucedido do distrito de Karnal (Haryana). In: Seminário Nacional sobre Questões Metodológicas de Extensão na Avaliação do Impacto de Programas de Desenvolvimento Agrícola e Rural, Bangalore.

53. Mc Kennely, DW., Yemshanov, D. Fox. e Ramlal, E. 2004. Cost estimates for carbon sequestration from fast growing poplar plantation in Canada (Estimativas de custos para o sequestro de carbono de plantações de choupo de crescimento rápido no Canadá). Política e economia florestal. 6(2004): 345-358.

54. Mishra, A., Swamy, S.L. e Puri, S. 2004. Crescimento e produtividade da soja sob cinco clones promissores de Populus deltoides em sistema de agrisilvicultura. Indian

Journal of Agroforesry. 6 (2): 9-13.

55.Mishra, K.K., Rai, P.N. e Jaiswal, H.R. 1996. Efeito do espaçamento e da densidade de plantas no crescimento do choupo (Populus deltoides Bartr. Ex Marsh). Indian Foresters. 122(1).

56.Mishra, S.K. 2002. Efeito da inoculação de Rhizobium, azoto e fósforo no crescimento e na produção de vagens de feijão-frade (Vigna unguiculata). Resumos alargados Vol. 1: 2nd Congresso Internacional de Agronomia. 26-30.

57.Mohanty, S.K. e Sahoo, N.C. 1991. The influence on sowing depth and soil moisture content on seedling emergence of some field crops. Orissa Journal of Agricultural Research. 4(1-2): 85-89.

58.Mohsin Faiz, Singh, R.P. e Singh, K. 1996. Crescimento e produção de biomassa por Populus deltoides sob agroflorestação em Tarai da região de Kumaun, U.P. Indian forester. 122(7): 631-636.

59.Mughal, A.H e Khan, M.A (2005). Perspectivas de Populus deltoides em sistemas agroflorestais: An allelophathic point of view. Agoforestry in 21st Century, Agrotech Publishing Academy, Udaipur. 170.

60.Muntanal, S.M., Patil, S.J., Patil, H.Y., Shahapurmath, G. e Maheswarappa, V. 2009. Desempenho da soja e do cártamo sob diferentes espécies de árvores em solos negros. Karnataka Journal of Agricultural Science. 22(2): 377-381.

61.Nadagouda, V.B., Radder, G.D., Patil, C.K., Manjappa, K. e Desai, B.K. 1996. Desempenho do amendoim em culturas intercalares sob irrigação na zona seca do Nordeste de Karnataka. Indian Journal of Soil Conservation. 24(2): 132-136.

62.Nagar, R.K., Dadheech, R.C., Dungarwal, H.S., Menaria, B.L. e Singh, P. 2002. Studies on soybean (Glycine max) yields dynamics with reference to genotypes and biochemical fertilization. Extended Summaries Vol. 2: 2nd International Agronomy Congress, November 26-30, New Delhi, India.

63.Narwal, S.S. e Sarmah, M.K. 1992. Efeito de supressão do Eucalyptus tereticornis nas culturas arvenses. In: proc. do Primeiro Simpósio Nacional sobre "Alelopatia em ecossistemas agrícolas (agricultura e silvicultura)". C.C.S. Haryana Agric. Univ., Hisar, Índia. 12-14 de fevereiro, pp.111-113.

64.Nazir, M.S., Ahmed, R., Eshanullah e Cheema, S.A. 1993. Análise quantitativa do efeito da sombra da árvore shisham no trigo. Pakistan J. Agril. Research. 14(1): 12-

17.

65. Newaj, R., Yadav, R.S., Dar, S.A., Shankar, A.K. 2005. Resposta das práticas de gestão ao padrão de enraizamento de Albizzia procera e seu efeito no rendimento de grãos de soja e trigo em sistema agrisilvicultural. Indian J. of Agroforestry. 7(2): 1-9.

66. Nuberg, I.K. e Mylins, S.J. 2002. Effect of shelter on the yield and water use of wheat (Efeito do abrigo no rendimento e no uso da água do trigo). Australian Journal of Experimental Agriculture. 42(6): 773-780.

67. Oke, D.O. e Owoeye, G. 2005. Crescimento inicial e acumulação de nutrientes de Grevillea robusta A. Cunn. Na cultura intercalar de G. robusta/milho. Jornal de Agronomia. 4(1): 58-60.

68. Olsen, S.R., Cole, C.V., Waterabe, F.S. e Dean, L.A. 1954. Estimativa do fósforo disponível no solo por extração com carbonato de sódio. In: Black,

C.A. (ed) Methods of soil analysis, part 2. Sociedade Americana de Agronomia Inc. Editora, Medison, Wisconsin, EUA. 1044-1046.

69. Pandey, A.K., Gupta, V.K., Solanki, K.R. 2011. Desempenho da grama sob sistema agroflorestal baseado em nim na região semi-árida. *Indian J. of Agroforestry.* 13(1): 61-66.

70. Pandey, C.B., Singh, A.K. e Sharma, D.K. 2000. Soil properties under *Acacia nilotica* trees in a traditional agroforestry system in central India (Propriedades do solo sob árvores *de Acacia nilotica* num sistema agroflorestal tradicional na Índia central). *Agroforestry Systems.* 49: 53-61, 2000.

71. Patil, H.S. e Deshmukh, R.B. 1988. Correlation and path analysis in mungbean. *Journal ofMaharashtra Agricultural Universities.* 13(2): 295-297.

72. Patil, H.Y., Patil, S.J., Mutanal, S.M., Chetti, M.B. e Aravindkumar, B.N. 2011. Produtividade de leguminosas influenciada por caracteres morfológicos em sistema agroflorestal baseado em teca. *Karnataka J. Agricultural Science.* 24(4): 483-486.

73. Pedersen, P. e Lauer, J.G. 2004. Resposta dos componentes de rendimento da soja ao sistema de manejo e à data de plantio. *Revista Agronomia.* 96:1372-1381.

74. Puri, S., Swamy, S.L. e Jaiswal, A.K. 2001. The potential of *Populus deltoides* in the sub-humid tropics of central India: survey, growth and productivity. *Indian forester.* 127(2): 173-186.

75. Rao, N.S. e Reddy, P.C. 1984. Estudos sobre o efeito inibitório de extractos de folhas de Eucalyptus (híbrido) na germinação de certas culturas. *Indian Forester.* 110(2): 51-58.

76. Rivest, D., Cogliastro. A., Vanasse, Olivier, A. 2009. Produção de soja associada a diferentes clones de choupo híbrido num sistema de cultivo intercalar baseado em árvores no sudoeste do Quebeque, Canadá. *Agricultura, Ecossistemas e Ambiente.* 131: 51-60.

77. Rivest, D., Cogliastro, A., Bradley, R.L. e Olivier, A. 2010. O cultivo intercalar de choupo híbrido com soja aumenta a biomassa microbiana do solo, o fornecimento de N mineral e o crescimento das árvores. *Sistemas agroflorestais.* 80: 33-40.

78. Sharma, N.K., Samra, J.S. e Singh, H.P. 2001. Sistemas agro-florestais baseados em choupo (Populus deltoides) para um solo aluvial sob condições de irrigação no oeste de Uttar Pradesh. Indian forester. 127(1).

79. Sedjo, R.A. 1999. The potential of high-yield plantation forestry for meeting timer needs. New forester. 17: 339-359.

80. Sinha, K.K. 1980. Estudos sobre o crescimento e o comportamento da produção de variedades de feijão-mungo em vários espaçamentos entre linhas e plantas durante o verão e a estação Kharif. Tese, M.Sc. (Agronomia), G.B. Pant University of Agriculture and Technology, Pantnagar. 132p.

81. Shanker, A.K., Newaj, R., Rai, P., Solanki, K.R., Kareemulla, K., Tiwari, R. e Ajit 2005. Modificações microclimáticas, crescimento e rendimento de culturas intercalares num sistema agroflorestal baseado em Hardwickia binata Roxb. Arquivos de *Agronomia e Ciência do Solo.* 51(3): 281 - 290.

82. Sharma, B.M., Rathore, S.S. e Gupta, J.P. 1994. Estudos de capacidade em *Seacia tortilis* e *Zizyphus rotundifolia* com culturas de campo em condições áridas. *Farmers Digest.* 30(6-7): 141-160.

83. Sharma N.K., e Dadhwal, K.S. 2011. Growth behavior of irrigated wheat as influenced by annual growth cycle of *Populus deltoides* M. plantations in alluvial soil. *Indian Journal of Soil Conservation.* 39(1): 67-72.

84. Sharma, N.K., Samra, J.S. e Singh, H.P. 2001. Sistemas agro-florestais baseados em choupo (*Populus deltoides*) para um solo aluvial sob condições de irrigação no oeste de Uttar Pradesh. *Indian forester.* 127(1): 61-68.

85. Shiraji, M.U., Khan, M.A., Mukhtiar, A., Mujtaba, S. M., Mumtaj, S., Muhammad, A., Khanzada, B., Halo, M.A., Rafique, M., Shah, J.A., Jafri, K.A., e Depar, N. 2006. Desempenho do crescimento e teor de nutrientes de algumas espécies de árvores polivalentes tolerantes ao sal que crescem em ambiente salino. *Pakistan Journal of Botany.* 38(5): 1381-1388.

86. Shrinivasan, K., Ramasamy, M. e Shanta, B. 1990. Tolerância das culturas de leguminosas aos aleloquímicos de espécies arbóreas. *Indian Journal of Pulses Research.* 3(10): 40-44.

87. Siddiqui, S., Yadav, R., Wani, F.A., Yadav, K., Sharma, S. e Jabean, F. 2009. Phytotoxic effects of some agroforestry trees in germination and radical of Cicer arietinum var. Pusa 256. Global J. Environmental Res. 3(2): 87-89.

88. Singh, B. e Sharma, K.N. 2007. Crescimento das árvores e estado dos nutrientes do solo num sistema agroflorestal baseado no choupo (Populus deltoides Bartr.) em Punjab, Índia. *Agroforestry Systems.* 70:125-134.

89. Singh, B., Gill, R.I.S., Gill, P. S. 2010. Fertilidade do solo sob várias espécies de árvores e sistema agroflorestal baseado em choupo. *Jornal de Investigação.* 47(3-4): 160-164.

90. Singh, D. e Kohli, R.K. 1992. Impacto das cercas de proteção *de Eucalyptus tereticornis* Sm. Shelterbelts nas culturas. *Agroforestry Systems.* 20(3): 253-266.

91. Singh, G., Singh, NT, Dagar, J.C., Singh, H. e Sharma, V.P. 1997. Uma avaliação da agricultura, silvicultura e práticas agro-florestais num solo moderadamente alcalino no noroeste da Índia. *Agroforestry Systems.* 37(3): 279-295.

92. Singh, K.B. e Malhotra, R.S. 1970. Inter-relação entre rendimento e componentes de rendimento em feijão-mungo. *Indian Journal of Genetics.* 30(1): 244-250.

93. Singh, K., Chauhan, H.S., Rajput, D.K. e Singh, D.V. 1989. Relatório de um estudo de 60 meses sobre a produção de fitter, mudanças nas propriedades químicas do solo e produtividade sob Poplar (*P. deltoides)* e Eucalyptus *(E. hybrid)* inter plantado com gramíneas aromáticas. *Sistemas Agroflorestais.* 9: 37-45

94. Singh, K., P. Ram, Singh, A.K. e Hussain, A. 1988. Choupo (*Populus deltoides* Batram Ex. Marshall) em sistemas florestais e agro-florestais. *Indian forester.* 114(11): 814-818.

95. Singh, K., Rao, O.P. e Singh B.P. 1999. Avaliação genética de *Populus deltoides*

Marsh, clone em viveiro nas condições do leste de U.P. Procedimentos do *seminário nacional sobre choupo*, realizado no I.C.F.R.E. Dehradun. 33-35.

96. Singh, R.C. e Pathak, P.S. 1993. Crescimento e produção de ervilha-de-angola sob a copa de *Acacia tortilis* num sistema de Agrisilvicultura. *Range Management and Agroforestry*. 14(2): 171-178.

97. Subbiah, B.V. e Asija, G.L. 1956. Um procedimento rápido para estimar o N disponível no solo. Current Science. 25.

98. Swamy, S.L., Mishra, A. e Puri, S. 2006. Comparação do crescimento, biomassa e distribuição de nutrientes em cinco clones promissores de *Populus deltoides* num sistema de agrisilvicultura. *Bioresource Technology*. 97(1): 57-68.

99. Tayo, T.O. 1983. Efeito do tamanho do sumidouro nas caraterísticas da vagem e da semente de soja (*Glycine max* L. Merrill) em terras baixas tropicais. *Journal Agriculture Science (Camb.)* 100: 285-292.

100. Teklay. T. 2007. Decomposição e libertação de nutrientes de resíduos de poda de duas espécies agroflorestais indígenas durante as estações húmida e seca. *Ciclo de Nutrientes. Agroecossistema*. 77: 115-126.

101. Tiwari, S.P., Bhatnagar, P.S. e Prabhakar. 1994. Identificação de variedades adequadas de soja (*Glycine max*) para regiões não tradicionais da Índia. *Indian Journal of Agricultural Sciences*. 64(12): 872-874.

102. Tornquist, C.G., Hons, F.M., Feagley, S.E. e Haggar, J. 1999. Efeitos do sistema agroflorestal nas caraterísticas do solo da região de Sarapiqui, na Costa Rica.Agriculture, *Ecosystems and Environment*. 73(1): 19-28.

103. Totey, N.G., Verma, R.K., Verghese, M., Shadangi, D.K., Khartri, P.K. e Pathak, H.D. 2000. Effect of Rhizobium biofertilizers and varying levels of phosphorus on the growth of forest legumes (*Dalbergia sissoo* and *Albizzia procera*). *Indian Journal of Forestry*. 23(2): 205-207.

104. Walkley, A. e Black, I.A. 1934. An examination of Degtjareff method for determining soil organic natter and a proposed modification of the chromic acid titration method. *Soil Science*. 37: 29-38.

105. Wilcox, J.R. 2004. World distribution and trade of soybean. *Soybeans: improvement, production, and uses*.

106. Yadav, R., Yadav, B., Chhipa, B., Dhyani, S., Ram e Munna 2011. Propriedades biológicas do solo em diferentes sistemas agroflorestais tradicionais baseados em árvores numa região semiárida do Rajastão, Índia. *Agroforestry Systems*. 81(3): 195-202.

107. Younger, P.D. e Kapustka, L.A. 1981. Redução do acetileno por Allanus rugosa (Dahkoi) sprengel e efeito aleloquímico de Populus tremuloides (Michx) na floresta de folhosas do norte. Ohio Journal of Science. 81(4): 23-27.

CAPÍTULO 7

APÊNDICES

Appendix I: Os parâmetros meteorológicos médios semanais durante o período experimental de junho a novembro de 2014

Meteorological Weeks	Rainfall In mm	Max. RH %	Sunshine hours	Max. Temperature (°C)	Min. RH (%)	Evap.	Min. Temperature	No. of rainy days
26	28.2	78	6	36	53	6.6	26.6	1
27	25.4	88	3.5	33.2	65	4.7	25.6	2
28	61.8	88	2	32.8	71	5	26.9	3
29	262.8	92	3.1	31	80	4.8	25.6	5
30	15.2	88	4.5	32.6	67	3.7	26.2	3
31	64.2	90	6.5	33.9	67	4	25.8	3
32	34.4	88	7.5	33.3	68	4.8	26.3	3
33	27	89	5	32.3	71	4.2	25.6	2
34	0	90	7.5	34.3	64	6.8	25.8	0
35	1.2	86	7.6	33.8	62	5.7	25.7	0
36	1.8	85	7.8	32.8	63	5.1	25.1	0
37	4.8	92	7.1	32.3	67	4	23.5	0
38	29.4	89	8	33.2	63	5.5	23.4	1
39	1	89	8.4	32.5	58	4.6	21.3	0
40	5.6	90	4.9	32.2	60	3	22.6	1
41	0	87	8.3	31.4	55	3.2	17.9	0
42	0	91	8.7	29.1	51	3.1	15.5	0
43	0	88	3.9	29.3	55	2.4	16.6	0
44	0	91	5.6	28.5	46	2.7	13.5	0
45	0	91	8.2	29.2	46	2.5	12.8	0

Appendix II: Análise de variância para a altura do caule (m) de diferentes plantas de choupo durante a época de colheita, 2014

Source of variation	d. f.	Mean sum of square				
		July	August	September	October	November
Replication	2	0.0087	0.0085	0.0059	0.0009	0.0024
Treatment	7	0.7535**	0.6909**	0.6476**	0.6999**	0.6961**
Error	14	0.0982	0.0932	0.0975	0.0986	0.1049
Total	23					

*Significativo ao nível de 5% de probabilidade **Significativo ao nível de 1% de probabilidade

Appendix III: Análise de variância para o diâmetro do colo (cm) de diferentes plantas de choupo durante a época de colheita, 2014

Source of variation	d. f.	Mean sum of square				
		July	August	September	October	November
Replication	2	0.2053	0.2055	0.3022	0.3257	0.32458
Treatment	7	10708**	1.7265**	1.747**	1.7870**	1.7937**
Error	14	0.1843	0.1889	0.1494	0.15520	0.1585
Total	23					

*Significativo ao nível de 5% de probabilidade **Significativo ao nível de 1% de probabilidade

Apêndice IV: Análise de variância para o DAP (cm) de diferentes parcelas de choupo durante a época de colheita, 2014

Source of variation	d. f.	Mean sum of square				
		July	August	September	October	November
Replication	2	0.3133	0.2842	0.2843	0.2845	0.2617
Treatment	7	1.8889**	1.8536**	1.8629**	1.8701**	1.8517**
Error	14	0.2197	0.2184	0.2194	0.2230	0.2281
Total	23					

*Significativo ao nível de 5% de probabilidade **Significativo ao nível de 1% de probabilidade

Apêndice V: Análise de variância para a largura da copa (m) de diferentes parcelas de plantação de choupo durante a época de colheita, 2014

Source of variation	d. f.	Mean sum of square	
		July	November
Replication	2	0.3962	0.4159
Treatment	7	1.2614**	1.1615**
Error	14	0.1366	0.1328
Total	23		

*Significativo ao nível de 5% de probabilidade **Significativo ao nível de 1% de probabilidade

Apêndice VI: Análise de variância para o volume do caule (m^3) e o incremento de volume (%) de diferentes parcelas de choupo durante a época de colheita, 2014

Source of variation	d. f.	Mean sum of square		
		Stem volume		Stem increment%
		Before sowing	After harvesting	After harvesting
Replication	2	0.2962E-06	0.5550E-06	2.8638
Treatment	7	0.2850E-05**	0.5179E-05**	17.0070**
Error	14	0.2467E-06	0.5297E-06	2.8970
Total	23			

*Significativo ao nível de 5% de probabilidade **Significativo ao nível de 1% de probabilidade

Apêndice VII: Análise de variância para as contagens de germinação da soja em diferentes parcelas de choupo e em condições abertas (controlo)

Source of variation	d. f.	Mean sum of square
		15 Days
Replication	2	1.8146
Treatment	8	3.1481
Error	16	5.5648
Total	26	

NS- Não significativo

Apêndice VIII: Análise de variância para a altura das plantas (cm) de soja sob diferentes plantações de choupo e em condições abertas (controlo)

Source of variation	d. f.	Mean sum of square		
		30 Days	60 Days	60 Days
Replication	2	2.4273	5.7495	3.1562
Treatment	8	4.2312	6.0927	7.8268
Error	16	6.7315	8.6978	15.7516
Total	26			

NS- Não significativo

Apêndice IX: Análise de variância para a acumulação de matéria seca (gm) da soja em diferentes plantações de choupo e em condições abertas (controlo)

Source of variation	d. f.	Mean sum of square			
		30 Days	60 Days	90 Days	After harvesting
Replication	2	0.2040	7.6496	2.2662	9.9192
Treatment	8	0.5133**	4.5943	12.9441**	303.3939**
Error	16	0.0342	2.7921	2.2807	14.2350
Total	26				

*Significativo ao nível de 5% de probabilidade **Significativo ao nível de 1% de probabilidade

Apêndice X: Análise de variância para o índice de área foliar da soja em diferentes estádios, sob diferentes plantas de choupo e em condições abertas (controlo)

Source of variation	d. f.	Mean sum of square		
		LAI of soybean plant		
		30 Days	45 Days	60 Days
Replication	2	0.0410	0.0283	0.0349
Treatment	8	0.0150	0.0396	0.1735
Error	16	0.0083	0.0493	0.2284
Total	26			

NS- Não significativo

Apêndice XI: Análise de variância para os atributos de rendimento da soja sob diferentes estoques de plantio de álamo e sistema de cultivo aberto

Source of variation	d. f.	Mean sum of square			
		No. of Pods/Plant	Pod length (cm)	No. of grains/pod	100 Grain weight (gm)
Replication	2	605.6233	0.0071	0.0935	0.1798
Treatment	8	394.1836	0.0805	0.0646	1.0452
Error	16	314.2151	0.0748	0.0636	0.7995
Total	26				

NS- Não significativo

Apêndice XII: Análise de variância para os rendimentos biológicos, de grãos e de palha (q ha^{-1}) e índice de colheita (%) de soja em diferentes plantações de choupo e em condições abertas (controlo)

Source of variation	d. f.	Mean sum of square			
		Grain yield	Bio. yield	Straw yield	Harvest index
Replication	2	9.8971	9.1653	0.7834	11.9809
Treatment	8	3.4718	12.1585	9.6009	8.6305
Error	16	1.5057	12.9498	9.8020	5.1370
Total	26				

NS- Não significativo

Apêndice XIII: Análise de variância para o pH do solo, o carbono orgânico (%), o azoto disponível no solo (kg ha^{-1}), o fósforo disponível no solo (kg ha^{-1}) e o potássio disponível no solo (kg ha^{-1}) à profundidade do perfil do solo (0-30 cm)

Source of variation	d. f.	Mean sum of square					
		pH	OC	EC	N	P_2O_5	K_2O
Replication	2	0.0077	0.0044	0.0041	365.1042	15.3812	287.6320
Treatment	8	0.0229**	0.0010	0.0076**	222.9427	2.3156	308.7969
Error	16	0.0023	0.0033	0.0012	305.6641	3.4153	424.9913
Total	26						

*Significativo ao nível de 5% de probabilidade **Significativo ao nível de 1% de probabilidade

Printed by Books on Demand GmbH, Norderstedt / Germany